U0170859

LE VIN EN 50 QUESTIONS

红酒之书

［法］皮埃尔·卡萨梅耶 (Pierre Casamayor) 著

［法］布奇 (bouqé) 图　　谢巧娟 译

中国水利水电出版社
www.waterpub.com.cn

·北京·

内 容 提 要

本书是一本有关红酒的通识类图书，从红酒的选购到品鉴再到酿造，全方位地介绍了红酒的相关知识。每一节都以问题的形式呈现，直接且有针对性地解答了红酒爱好者的问题，有助于初学者进阶为红酒专家。

北京市版权局著作权合同登记号：01-2021-0047

图书在版编目（CIP）数据

红酒之书 / （法）皮埃尔·卡萨梅耶著；（法）布奇图；谢巧娟译. -- 北京 ：中国水利水电出版社，2021.4
ISBN 978-7-5170-9411-1

Ⅰ. ①红… Ⅱ. ①皮… ②布… ③谢… Ⅲ. ①葡萄酒—问题解答 Ⅳ. ①TS262.6-44

中国版本图书馆CIP数据核字(2021)第026836号

Le vin en 50 questions © Hachette Pratique (Hachette-Livre), Paris 2018
The simplified Chinese translation rights arranged through Rightol Media
（本书中文简体版权经由锐拓传媒取得 Email:copyright@rightol.com）

书　名	红酒之书 HONGJIU ZHI SHU
作　者	［法］皮埃尔·卡萨梅耶 著　　［法］布奇 图　谢巧娟 译
出版发行	中国水利水电出版社 （北京市海淀区玉渊潭南路1号D座　100038） 网址：www.waterpub.com.cn E-mail：sales@waterpub.com.cn 电话：（010）68367658（营销中心）
经　售	北京科水图书销售中心（零售） 电话：（010）88383994、63202643、68545874 全国各地新华书店和相关出版物销售网点
排　版	北京水利万物传媒有限公司
印　刷	天津图文方嘉印刷有限公司
规　格	200mm×230mm　12开本　19印张　200千字
版　次	2021年4月第1版　2021年4月第1次印刷
定　价	128.00元

引 言

　　这是一次时光之旅，它将带领我们追溯至公元前 3000 年，回到葡萄酒文明的起源。那时，人们将楔形文字刻在泥板上，然后被收录进《吉尔伽美什史诗》中，成为人类第一部文学著作。这部史诗详述了乌鲁克国王吉尔伽美什寻找长生不老药的漫漫长路，其中也包含了不少对葡萄和葡萄酒（当时的人称之为 yaïnou）的引用。史诗中描述了一个宝石花园，里面的树结有成串如果实一般的光玉髓，一位"给众神斟上葡萄酒"的酒馆老板，以及一位在洪水中幸免的人。这人在洪水后种起葡萄，并把结出的葡萄酿造成葡萄酒（《圣经》中诺亚的故事）。

　　回溯千年，我们看到一直以来人们对葡萄酒（希腊语称之为 oinos，拉丁语称之为 vinum）的评价，正如荷马在《伊利亚特》和《奥德赛》中提到的那样，葡萄酒是文明开化的象征之一；又如希波克拉底（公元前 4 世纪）和盖伦（公元 2 世纪）的医学著作中所提到的那样，它是具有保健食用功效的美食。在地中海盆地兴起的各个农耕文明里，葡萄栽种技术均已出现，这在古老的农学著作（比如克鲁麦拉于公元 1 世纪所著的《农业志》）中就记载了。葡萄种植既能勾勒出当地美丽的自然风光，也能促进当地区域经济的发展。人们凭借葡萄酒的出口贸易，在大国之间建立起了政治联盟，甚至消解了国家之间的不和。

　　过去的 2000 年，人们同样见证了葡萄文明如何成功地在欧洲以外的大陆上传播。那么，在当代人们的日常生活中，葡萄酒又蜕变成什么面貌了呢？它是否和面包或者其他具有庆典意义的美食一样，应该被看作一种餐桌文化元素呢？

目 录

葡萄酒选购篇

　　世界上有数万个葡萄酒生产商，数千个地理原产地，数十种葡萄品种……和其他投入市场的各种饮料以及工业加工过的葡萄饮品不同的是，葡萄酒的口味一直在改变。那么，我们该如何购买葡萄酒呢？在葡萄酒庄园或者酒坊里，或许人们还可以先品尝一番再做选择，但在大型超市里购买时，我们就只能根据酒标来选择了。酒标上的信息有着严格的法律规范，有些信息是必须标注以便让购买者知悉的。但同时，酒标也让初次喜欢上葡萄酒的人晕头转向。在这小小的酒标中，我们到底需要关注哪些关键信息呢？

1 如何读懂酒标？

酒标就像葡萄酒的身份证。除了其本身所具有的美学特征之外，它还呈现了一些法定信息：葡萄酒的地理产区、装瓶商的身份、生产商的身份、酒精度数……

作为消费者，我们最好学会破译这些信息。

酒标可分为正标、背标、封口标、吊牌等，具体包括葡萄酒的名称、酒精度、产区、净含量、品种、生产商等诸多信息。

背标

在某些情况下，正标仅仅只是葡萄酒生产商的标志。如果要真正了解这瓶葡萄酒，就必须拿起酒瓶转一下，看一看背标。正对着正标背后的就是背标，它作为补充酒标，已经为大众所熟知。从某种程度上来说，背标让人们的购买行为变得复杂了，因为背标上的信息详细又重要。最初，背标是生产商们用来交流信息的，他们会给自己酿造的葡萄酒贴上如下信息：产地、品种、酿造方式，以及该葡萄酒如何饮用，如何与其他菜肴搭配。还有一些背标则因为其本身就是极具

卡奥尔
卡奥尔控制命名
2009年
100%科特葡萄酿造
杂草控制
手工去叶
无化肥施加
疏果（百升/hm²）
人工手动采摘

按株分拣
存放于酒库
橡木桶内陈酿18个月
一日酒庄

装瓶于
薇罗尼卡–斯蒂芬·阿兹玛酒庄
产自迪拉韦勒（邮编：46700）

16%vol　产自法国　含亚硫酸盐
750ml

公信力的技术文件，所以也能反映出葡萄酒的特质。

背标上的强制标识

葡萄酒的酒标由法国竞争、消费和反欺诈总局（DGCCRF）管控，该部门同时还监管虚假广告、盗用商标及其他各种欺诈行为。

背标上的信息包括强制标识和可选标识。强制标识的内容为：

①分类名称：法国葡萄酒酒标上有地理位置保护标识（简称 IGP），标明其生产地带；还有原产地命名控制（简称 AOC 或 AOP），标明其生产区。

②装瓶酒庄名称及地址。

③产地（原产国）。

④以 "% vol" 为单位标注的酒精度。

⑤净含量。

⑥生产批号，用于追踪葡萄酒。

⑦过敏源：含亚硝酸盐。

⑧孕妇饮酒相关的警示语或标志。

背标上的可选标识

可选标识的内容为：

⑨年份。

⑩装瓶的酒商名。在香槟产区，则要再加上葡萄的采摘状态，配上专业注册号。

可选标识的内容有时候还包括：

• 葡萄品种。

• 级别（如特等葡萄园所产葡萄酒、一级葡萄园所产葡萄酒、最优良的特等葡萄园所产葡萄酒）。

香槟酒酒标

①"原产地命名控制"（AOC）经常被取代，"香槟"就相当于"原产地命名控制"。

②残余糖分含量（超天然干、天然干、半干……）的标注对香槟酒和所有起泡酒来说是必需的。

③生产商信息（小农香槟、大酒商、酿酒合作社等）。

葡萄品种及酒标

大部分欧洲的葡萄酒均因其产地而闻名，而并非因其酿造所选的葡萄品种。人们常说"我开了一瓶勃艮第"（法国的葡萄酒产区之一），而不会说"我开了一瓶霞多丽"（葡萄品种之一）。葡萄品种一般不会出现在葡萄酒的酒标上，除了阿尔萨斯、萨伏瓦、都兰等产区。不过，在新世界产区的影响下，越来越多以地区命名的葡萄酒酒标上出现了葡萄品种，比如勃艮第的黑皮诺、卡奥尔的马贝克。现在的生产商们也获得批准，能在所有种类的葡萄酒上标出葡萄品种。葡萄品种标识说明了酿造该酒时，

特酿名称

"老藤""精酿""威名"这些特酿的名称，都可以用来分辨葡萄酒的品质级别。但这些特酿名称并不具备法律效力，因此也并不提供任何品质保障，不能与"优质葡萄酒"画等号。

此葡萄品种至少占了 85%，该标识提供了一则了解葡萄酒口味的信息。

酒帽

我们现在所说的酒标，一般是指正标和背标，不过我们也可以从酒帽和瓶塞上了解一些葡萄酒的相关信息。

酒帽是包裹在瓶塞上的像帽子一样的东西。由于海关要征收关税，葡萄酒或其他含酒精饮品的运输都会受到海关部门的严格管理。如果你看到酒帽上面贴有玛利亚娜头像的标签，就说明该葡萄酒已经缴纳过消费税，这样的酒帽被称为"完税酒帽"（法语为 capsule-congé 或者 capsule représentative de droit）。原产地保护命

名级别的葡萄酒，其酒帽的颜色为绿色；其他类别的葡萄酒，酒帽颜色为蓝色；而特殊类型的葡萄酒，酒帽颜色为橙色。后来还出现了一种新酒帽——酒红色酒帽，这种颜色的酒帽有时还能反映生产商的类别是独立生产商还是合作生产商。

瓶塞

为了预防欺诈行为，酒商的名称以及年份也被印在瓶塞上，这对消费者来说是一种保障，尤其是当消费者购买了昂贵的名酒时。现在还用了不少新兴技术来预防葡萄酒欺诈行为，比如在瓶塞或酒帽上标上个人数字或起泡代码，方便消费者确认葡萄酒的身份。

酒标标识与酿造方式

酒标上出现的很多具有法律效力的标识，都能够提供关于葡萄酒酿造方式的有用信息。比如"科瑞芒"和"传统方式"标识，说明该起泡酒采用了香槟酒的酿造方式；"灰色"标识，说明这是一种淡桃红色的葡萄酒；"晚摘"和"逐粒精选"标识，表示这是一种甜葡萄酒，且分别是甜白葡萄酒和利口葡萄酒，主要产自阿尔萨斯产区；"麦秆酒"或"黄酒"标识，则指一种产自汝拉山区的面纱酒；"天然甜酒"标识，表明这是一种被抑制发酵而酿成的葡萄酒。

❷ 是谁成就了葡萄酒？

假设现在展现在你眼前的是成排成排的葡萄酒，请你先将目光转向酒标。你能看到"葡萄酒酿造商""酒庄合作社""销售商"……葡萄酒生产商有哪些呢？这几大主力军之间到底有什么区别呢？葡萄种植者主要负责种植，不一定会酿酒；葡萄酒酿造商可以种植和酿造，不一定会直接装瓶销售；酒庄合作社可以和种植者合作，购买并酿造葡萄酒，主要竞争对手是葡萄酿造商—销售商。美味的葡萄酒正是经由他们的手打造出来的。

葡萄种植者

葡萄种植者可以是葡萄园的所有者，也可以是租赁者，或葡萄园佃农。如果是租赁的话，只需要支付固定的租金，金额的多少和当年的葡萄产值无关；而如果是租佃的话，佃农则用实物来支付，也就是说，生产的葡萄一部分要交给葡萄园园主。

如果葡萄种植者并不具备酿造葡萄酒的必要设备或者能力的话，那么他可以加入一个酒庄合作社，把自己采摘的葡萄送过去酿造，或者把自己的葡萄卖给葡萄酒酿造商。

葡萄酒酿造商

独立的葡萄酒酿造商可以自己种植葡萄并进行酿造，直到最后装瓶。酿造出好的葡萄酒后，

既可以直接进行售卖，也可以委托给中间商。在香槟地区，拥有这种身份的人被叫作小农香槟酿造商（标签上以"RM"标示）。

酒庄合作社

酒庄合作社通常包括葡萄酒酿造商和销售商。负责葡萄酒销售的人，会负责购买加入合作社的葡萄种植者所采摘的葡萄。在 19 世纪末 20 世纪初，为了应对当时的社会危机，第一批酒庄合作社诞生了，它们包括阿尔萨斯的里博维莱（1895 年），以及埃罗省的马罗桑葡萄园（1901 年）。现如今，法国大约有 600 家酒庄合作社，法国一半的葡萄酒酿造都是由它们来完成的。这些酒庄遵循着"同一人、同一个声音"的民主准

则，有一条非常完备的酿造产业链，为葡萄酒产业保驾护航。这些加入酒庄合作社的葡萄种植者们，他们的酬金会根据其提供的葡萄产量，以及最终酿造的葡萄酒级

别而有所差异。如果葡萄的质量特别好，也是有奖金的。这个评价标准主要由酒庄合作社、葡萄种植者之间签订的协议来确定，这就是品质契约准则。整个葡萄产业的各个要素（如葡萄种植、葡萄产地、葡萄树树龄及健康状况）都需要明确地分类，之后，我们就可以在同一个酒庄合作社的品牌下，再细分不同的商业化特酿品牌。酒庄合作社还可以对其他产地的葡萄进行酿造，但最终酿造出的葡萄酒要根据原产地进行贴牌出售。当然，酒庄合作社可以在酒标上注明"由×××酒庄合作社酿造装瓶"。

销售商

销售商的首要任务在于购买某一产地已经灌装好的葡萄酒，然后再转卖出去。不过，销售商也可以是葡萄酒酿造商。

酿造商—销售商

这些人主要负责同葡萄种植者签订协议并批量采购葡萄，之后再在自己的酒庄里进行葡萄酒酿造。这种葡萄酒的酒标上一般会出现酿造商的签名，在勃艮第产区尤为常见。勃艮第的葡萄产区划分十分细致，比如宝尚、杜鲁安、法维莱、路易亚都，这是最有名的几家。而在薄若莱，酿造商—销售商的出现，则保证了该产区每年能有大批量的葡萄酒出产，比如马利尚和木桐嘉棣。现在，这些酿造商—销售商的队伍越来越壮大，已经成为酒庄合作社最有力的竞争者。有些葡萄种植者会毫不犹豫地把自己采摘的葡萄交给酿造商—销售商来处理。

自酿销售商

这些人会以中间人的身份分批购买葡萄酒，然后把这些葡萄酒集中起来，贴上同一个品牌加以售卖。他们可能会扶植一些年轻的葡萄酒品牌，把这些葡萄酒统一灌装，又将其中一些加以贮藏，数年后，再将它们投放进市场。

香槟酒品牌

　　所有的香槟酒品牌（在酒标上用"NM"标注，意思是"大酒商"）几乎都拥有自己的葡萄园，但是他们用于酿酒的葡萄却都是从那些以产地命名的葡萄园外购来的。采购葡萄的价格会随着葡萄产地的排名和市场规律有所波动。

　　正因为有外购的葡萄，才能酿造出不同口味的葡萄酒。而且按照葡萄品种和葡萄产区进行划分，实现了葡萄酒种类的集中，酒庄的大师们也能免受葡萄年份的影响，保证自己品牌的香槟酒一直保持同一口味。

葡萄酒行业协会和工会

　　葡萄酒行业协会是指将某一地区内所有葡萄酒产业链参与者集中起来的机构，它涉及葡萄生产者工会、葡萄酿造商工会、酒庄合作社工会和销售商工会。这一机构负责规范葡萄酒市场，促进葡萄酒推广。而"葡萄酒工会"现如今已经改名为"葡萄酒保护及管理协会"，它通过指定葡萄生产管控协会的成员，来保护某一家或者多家葡萄酒品牌的利益。作为各大葡萄酒品牌共同利益的捍卫者，工会制定了一套生产规范（职能手册），这套规范还受到法国国家原产地命名管理局（简写为 INAO）和欧盟的支持，并以法令的形式确立。

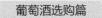
是 谁 成 就 了 葡 萄 酒 ?

香槟酒酒庄——宝禄爵酒庄

3　法国产葡萄酒很高大上吗？

其实，法国产葡萄酒在以前只是一般的餐桌葡萄酒，也是最普通的葡萄酒。不久之前，其瓶身才出现一颗星。它可以是法国各个葡萄园产的葡萄酒的混合酒，也可以是某一特定的葡萄园混合生产的酒。所以，"法国产"看起来很高大上，实则不然，这类酒是列入"没有地理标识"的葡萄酒。不过，这种葡萄酒既然能被投入市场，说明也是受到不少规则约束的。

> **法国产葡萄酒**
> 一种在全欧盟都能生产的最基本的葡萄酒。

一种混合酒

与那些受法定产区保护的葡萄酒不同的是，法国产葡萄酒是不同产区的葡萄酒混合而成的一种酒。有些葡萄酒生产者之所以选择生产"法国产葡萄酒"，就是为了逃避那些严苛的规章制度，扩大生产规模。另外一类"欧盟产葡萄酒"，也是没有地理标识的，这类酒则是混合了欧盟地区各个葡萄酒产区的酒，比如朗格多克产的葡萄酒就混合了葡萄牙和西班牙的葡萄酒。这些酒的酒标上不会出现任何原产地地理标识，其酒精度为 8.5%—15%，且有多个此类酒品牌已经商业化了。从 2009 年开始，这些酒的酒标上允许标注葡萄品种和酿造年份，这些可都是葡萄酒十分有含金量的标识。不过，对这类酒来说，依然不

> "法国产葡萄酒是由来自不同地区的葡萄酒混合成的，它们的标签上没有地理标识。"

允许标注"酒庄"（法语为 château）或者"产地"（法语为 domaine）。

在危机中诞生的葡萄酒

因为整个欧盟地区葡萄生产过剩，必然引起价格危机，所以，这种葡萄酒一直承受着很大

的压力，以前长期被称为"日常消费的葡萄酒"，后来被称为"餐桌葡萄酒"，再到现在被称为"法国产葡萄酒"。比如朗格多克产区的葡萄酒，就因为所在的葡萄种植区土地过于肥沃，或是参与混合的某种葡萄酒生产过剩，最后导致自己也出现生产过剩的情况。为了减少这类问题，同时也为了应对此类酒消费需求降低的状况，欧盟在20世纪70年代颁布实施了一套葡萄园整改政策。之后，这些没有标识生产地具体地理位置的葡萄酒，因为只标识了自己的生产国和葡萄品种，反而在新世界（以美国、澳大利亚为代表，还有南非、智利、阿根廷和新西兰等国家）取得了巨大的成功，比如澳大利亚的西拉、智利的赤霞珠、阿根廷的马尔贝克……在这种趋势下，"法国产葡萄酒"诞生了，它主要面向国外市场。

另一种餐桌葡萄酒
——超级托斯卡纳葡萄酒

20世纪70年代，在意大利托斯卡纳和皮耶蒙的某些地区，人们无视原产地命名酒的准则，生产了一批餐桌葡萄酒，而且这些酒居然在国际上受到了追捧。首先就是来自意大利托斯卡纳的

西施佳雅，它是用赤霞珠葡萄，按照波尔多葡萄酒的酿造方式酿成的一种葡萄酒。然后，有名的安东尼酒庄和天娜酒庄也一起效仿。这些酒（包括已经有法定原产地命名资格的西施佳雅酒，地区酒天娜酒）被冠以"超级托斯卡纳"的称号，远销各地。同样，在法国，一些没有地理标识的葡萄酒也成了"发起人葡萄酒"。

大批量生产贸易的　　　发起人版法国产葡萄酒
法国产葡萄酒

4 什么是受保护的地理标识葡萄酒?

　　各大产地葡萄酒，包括销量冠军的朗格多克地区葡萄酒，在成为受保护的地理标识葡萄酒（缩写为 IGP）之后，一方面，能享受自己所处地区的特有形象带来的福利；另一方面，它们所用于酿造的葡萄品种都是闻名世界的品种，这让它们再一次攀上外国市场的巅峰。

更宽松的规定

　　与原产地命名的葡萄酒相比，用于酿造地区葡萄酒的法定葡萄品种更丰富，而且其法定的产量也更高，因为这些产区在地理位置、颜色、核定标准（酒精度和挥发酸度）、产量、葡萄酒外观等方面所受的限制更少。和法定产区葡萄酒一样，这类受保护的地理标识葡萄酒也由法国国家原产地命名管理局来监管，控制其每年的产量。

Produit de France　法国制造
Domaine du Fresne　弗莱斯内产区
Sauvignon　长相思
Indication géographique protégée
受保护的地理标识葡萄酒
酒精度 12%　　　　750 ml
2014
Mise en bouteille au Domaine par 装瓶于
Earl Domaine du Fresne. Propriétaires–Vignerons
弗莱斯内伯爵酒庄
à 49380 FAYE–D'Anjou – France
法耶–安茹　法国 邮编49380

什 么 是 受 保 护 的 地 理 标 识 葡 萄 酒 ？

高档的地区葡萄酒

　　有些葡萄酒生产者在地区酒分类里发现，和法定产区命名葡萄酒相比，他们能拥有更大限度的自由，尤其是在葡萄品种的选择上。在朗格多克产区的嘉萨酒庄或者圣兰德酒庄生产的葡萄酒，它们的定价显然要比邻近地区的葡萄酒定价要高。其他的还有普罗旺斯产区的铁瓦龙酒庄葡萄酒，由于该酒庄所有的葡萄品种已经不再能满足法定产区命名葡萄酒的标准，所以不得不选择退出法定产区命名葡萄酒的行列，而成为高档的地区葡萄酒。

受保护的地理标识葡萄酒分类

　　这 74 种受保护的地理标识葡萄酒，根据其产区面积，被分为三大类：

　　一是用大区名命名型，范围非常广，包括卢瓦尔河谷、奥克区、杜鲁森伯爵领地、罗纳河谷、地中海产区、大西洋产区、弗朗什孔泰大区……

　　二是用省名命名型，包括埃罗省、瓦尔省、沃克吕兹省……

　　三是用本地名命名型，包括通格丘、美丽岛、赤红海岸……

成名的葡萄品种

　　地区葡萄酒生产者特别擅长于葡萄品种的培育，尤其是在朗格多克地区。这类酒的酒标上会标出葡萄品种名，而且大多是世界闻名的葡萄品种，比如赤霞珠、黑皮诺、西拉、霞多丽、长相思等，它们已经成了营销的一大王牌。有时候，这些受保护的地理标识葡萄酒还会标出一些非常古老的葡萄品种名。

5 被称为原产地命名葡萄酒有多不容易?

原产地命名葡萄酒的名字里有所处的大区、省或者小镇的名字，这类酒能展现当地的特色，包括古老的葡萄种植工艺和酿造传统，是一类遵守着相当严苛的生产准则而酿造的葡萄酒。

> **原产地命名葡萄酒**
>
> 这类葡萄酒是按照其所在的地理原产地的名字命名的。这些地理原产地必须能进行农产品加工生产，而且受到法令规则的严格规范，其产品特色必须与当地的特色相一致。该类酒的酒标标识为 AOC（"原产地命名控制"的法语首字母缩写），或者 AOP（"原产地命名保护"的法语首字母缩写）。

原产地命名机制的起源

葡萄酒实际上经历了多次危机，然而这些危机并没能阻止假酒的出现。在 20 世纪 30 年代的经济危机之后，一些专业人士开始寻找能够保护自家葡萄酒产品珍贵特质的办法。他们希望立法部门能够编订一份法令，认可该葡萄酒的原产地，并确定葡萄酒的生产准则。在 1919 年，有关部门颁布了第一条相关法规。一直到 1935 年，一套关于法定原产地葡萄酒命名的准则终于问世。阿布娃酒、卡西斯酒、教皇新堡酒、蒙巴兹雅克酒，是第一批法定原产地命名的葡萄酒。这

一按照法令的形式确立的原产地命名控制制度是葡萄酒生产者们共有的财产。尽管受到公共机构（法国国家原产地命名管理局，其领导直接由法国农业部部长任命）的监管，葡萄酒工会依然能够实施一套完全自制的体系。

在葡萄酒之后，法国的其他农产品，比如奶酪、肉制品、蔬菜、奶油以及蜂蜜，都采用了类似的法定原产地命名机制。在全欧洲乃至全世界，这一机制已经自成一派。

被 称 为 原 产 地 命 名 葡 萄 酒 有 多 不 容 易 ？

严格的生产条件

一个法定原产地命名葡萄酒的产区，是根据当地的阳光和气候，即该地区的特点来划分的。在地理划分区域之内，还要对每个

"AOC生产区域是根据土壤、气候和用途划分确定的。"

小区域进行划分。如果想要对划分过的区域进行修改，需要工会提出申请，然后法国国家原产地命名管理局召开调查委员会会议。这些地区的葡萄酒生产条件十分严格，要能够满足当地长久以来不变的风俗习惯要求，也就是说，要能够经受住历代葡萄种植者们的考验：选择什么葡萄品种，什么样的种植方式，种植密度多大，葡萄的大小，最大采摘量是多少，甜葡萄最高能占多少、最少能占多少，葡萄酒的酿造方式等，这些要求都需要考虑。要想担得起"原产地命名葡萄酒"这个称号，该葡萄酒就必须通过一个独立机构的层层检验程序。

法定原产地命名葡萄酒等级

法定原产地命名葡萄酒是一个官方的葡萄酒分类。香贝丹酒、苏玳酒、教皇新堡酒、邦多勒酒……大部分最负盛名的葡萄酒都被列入了法定原产地命名葡萄酒，或者是受保护的原产地命名葡萄酒。尽管各个法定原产地的种植面积不一，但是这些葡萄酒依然可以全部被纳入标准之内。几大历史悠久的葡萄酒产地，比如勃艮第、薄若莱，都包含了数十个原产地命名的葡萄酒酒庄，这些酒庄按照等级划分呈现金字塔式的等级结构：从低到高分别是地区级命名（比如波尔多、勃艮第）、省级命名（比如美多克、马孔）、市级命名（比如玛歌、普里尼－蒙哈榭），以及勃艮第的原产地命名名酒（比如蒙哈榭）。

法定原产地命名不是商标

一个商标就是一份质量证书，即获得商标的食品要满足一系列的、各个层级标准的检验，但却不用保证其原产地的地理位置，这就是商标和法定原产地命名的区别。就全法国来说，红标是最有名的。除了红标之外，还有七大地区商标，比如萨伏瓦大区或者南比利牛斯大区。

如何获得原产地命名葡萄酒的资格？

　　法国国家原产地命名管理局的职责就在于认可法定原产地葡萄酒，把它们纳入标准内，并保护其利益。其全国委员会是由各个专业代表、行政机构代表和社会名流组成的。各地区委员会在向全国委员会提交修改提议之前，会先在自己所在的地区内就自身特有的问题进行讨论。要想获得该资格，各个手续绝不能含糊：首先，该葡萄园必须有一定的历史底蕴。基于此，葡萄酒生产商们向自己所在的工会提出申请，再由工会向法国国家原产地命名管理局递交申请。然后，这个部门会任命一个调查委员会，委员会专家们再对产酒区域进行新的划分。这一系列手续能够帮助确定在新产区的葡萄酒生产条件，确认资格后再颁布新的法令（有时候前前后后要花费 15 年以上的时间），并制作成官方手册。此外，欧盟也会为这些新的原产地命名葡萄酒签署生效令。

原产地命名是品质的保证吗？

　　法定原产地命名葡萄酒，第一要保证的就是原产地。而葡萄酒的品质，则需要委员会成员进行品尝，在同意颁发法定原产地命名的资格后，品质才能最终得到保证。从 1974 年开始，这个有些宽松又容易引起争议的措施一直在施行。直到 2008 年，一项新的实施纲领开始生效，其评定工作不再由法国国家原产地命名管理局负责，而是交由民间组织进行，并且这些组织是由保护和管理协会，以及之前的命名工会一起自由地挑选成员组成的。这些成员首先包括葡萄酒产业从业人员（生产商、酒庄合作社、销售商等），因为他们都是得到认可，被认为是有能力酿造出法定原产地命名葡萄酒的人，所以有资格承担这一评判程序。

　　当时，新纲领生效之前，相关人员就在各大商业中心附近有条不紊地开展过民意测验工作。经过这次改革，法国国家原产地命名管理局就转变成了一个监管机构，其主要职能在于保证各大评测机构能够在法律规定的标准范围内完成自己的使命。

在法国之外的地方，也存在原产地命名机制吗？

1970 年，欧盟按照法国的模式，采纳了一项葡萄酒分级制度，又在 2009 年进行了进一步的修改。该制度将葡萄酒大致分为两大类——不带地理标识的葡萄酒和带地理标识的葡萄酒，后者又分为受地理位置保护标识的葡萄酒和原产地保护命名的葡萄酒。所以，按照这一分级系统，欧盟每个国家都能拥有自己的原产地命名葡萄酒。

葡萄牙的葡萄酒等级划分

葡萄牙的杜罗河谷是整个欧洲最早划分葡萄酒产区的地区之一，即波尔图葡萄酒产区。1756 年，葡萄牙总理设立了一个专门负责管理波尔图葡萄酒市场、划分葡萄酒产区的决策机构，以应对假酒问题。1761 年，按照粗略的范围，该机构大致完成了葡萄酒产区的首次划分。随后一直到 20 世纪 30 年代，不断有新的产区得以划分确定，比如塞图巴尔莫斯卡托酒、杜奥酒、马德拉酒及绿葡萄酒。从葡萄牙加入欧盟开始，葡萄牙的葡萄酒也形成了金字塔式的等级划分：从低至高分别是无地理位置标识葡萄酒、地区酒（即受地理位置保护标识葡萄酒）、法定产区葡萄酒。

西班牙：越来越精确的葡萄酒产区划分

在 20 世纪初，里奥哈（1926 年）、赫雷斯和马拉加三大产区的葡萄酒得以划分。西班牙现今共有 67 种法定产区葡萄酒，人们根据葡萄酒酿造的时间给出了更细致的等级：crianza（酿造低于 2 年，窖藏 1 年），reserva（酿造 3 年，窖藏 1 年），gran reserve（酿造 5 年，

窖藏 5 年）。现在又出现一个新的评级——地区酒，它的主要评级对象是种植于偏远地区但品质上乘的葡萄酒。而法国的地区葡萄酒，在西班牙被划分为地区餐酒。

意大利的葡萄酒等级划分

意大利凭借其法定产区葡萄酒和优质法定产区葡萄酒（比如基安蒂酒），保留着和法国相似的葡萄酒等级制度。意大利的地区葡萄酒叫作 IGT（Indicazione Geografi ca Tipica），也被叫作 IGP。由于某些原因，该等级制度显示出某种断层，导致不少著名葡萄酒厂商决定跳出这种等级制度。现在施行的是更严格的等级制度。

希腊：命名赋予了地位

甜型葡萄酒，比如产自萨摩斯的麝香葡萄酒，是从古希腊开始就一直沿袭至今的传统型酒。这些甜型葡萄酒凭借酒标上的 OPE（Onomasía Proeléfseos Eleghoméni，相当于欧盟制定的"产于特定地区的高

质量甜葡萄酒"）字样和瓶塞上的蓝色印章得以辨认，其命名系统赋予希腊的葡萄酒与众不同的地位。而其他葡萄酒的分级则属于 OPAP（Onomasía Proeléfseos Anotéras Piótito，相当于欧盟制定的"产于特定地区的高质量葡萄酒"）分级系统。

德国葡萄酒的等级划分

在德国，比"德国产葡萄酒"和地区葡萄酒级别更高的葡萄酒，主要有优质葡萄酒（德语为 Qualitätswein bestimmter Anbaugebiete）和高级优质葡萄酒（德语为 Qualitätswein mit Prädikat）两种。第一种酒来自某一特定区域，这些产区名会标注在酒标上，有时候还会标上葡萄的品种，以及更精确的产区信息。高级优质葡萄酒可以细分为六个等级（卡比纳酒、晚收葡萄酒、逐串精选葡萄酒、逐粒精选葡萄酒、枯葡精选葡萄酒以及冰葡萄酒），具体的等级划分取决于葡萄的成熟度以及含糖量。除了这些分级之外，德国的葡萄酒也会加入原产地命名等级：大区级、省级、葡萄酒产区级、产地级。奥地利和匈牙利也采用了一种类似的模式，比如托卡伊葡萄酒，其产区和生产规则早在 1641 年就确立了，而埃格尔的比卡维尔葡萄酒也一直享有特殊的尊贵地位，他们的地区葡萄酒被称为地区餐酒。

新世界——划定了自己的区域

在南非，直到 1973 年才确立了原产地命名制度，其葡萄酒产区主要在斯泰伦博斯和帕尔产区。在美国，经历了各产区之间多年来互不承认的状态之后，加利福尼亚州开始对这个问题进行反思。现在各葡萄酒产区的划分范围仍然很广，没有细致地划分。从 1983 年开始，美国葡萄产区的葡萄酒也要求按照欧洲的做法来做。尽管美国的葡萄酒产区制度没有法国的健全，但因为美国的葡萄酒制度对葡萄品种的选择、葡萄的产量和生产条件没有任何限制，全世界每年依然有 85％ 的葡萄酒来自美国，其中酒标上标注了葡萄品种的酒占了混酿的 75％。现如今，美国已经有 200 多个葡萄酒产区（American Viticulture Areas，AVA）和葡萄酒品牌（比如加利福尼亚州的门多西诺和纳帕谷，俄勒冈州的维拉姆等）。而澳大利亚从 1993 年才开始引入标识产区地理位置的制度，也由此诞生了澳大利亚的认证命名葡萄酒，如南澳大利亚州的巴罗莎山谷、新南威尔士州的猎人谷。从 1995 年开始，智利根据当地有利于葡萄生长的自然条件，也在圣地亚哥周围划分了一些葡萄酒产区，如阿空加瓜、迈坡谷、拉佩尔、库里科和毛勒、比奥比奥。在阿根廷，门多萨省的卢扬·德库约是第一个地区酒的命名。

6 你了解葡萄酒酒庄吗？

葡萄酒酒庄这个词很容易让人想到周围被葡萄园包围着的高级庄园，但是，现实并非总是如此，有时即使是一所小房子，也可能因为被酿酒师用来命名他的葡萄酒而变得有名。不过，只有具有法定原产地命名的庄园才能享有这种"贵族头衔"。

以庄园命名葡萄酒

在波尔多，庄园就是指酒庄，这是一个自己产酒并建立起品牌（以酒庄的名字命名葡萄酒）的产业。以前，这些酒庄是某些贵族阶级的个人财产，比如十六七世纪，建于格拉夫斯的布里翁城堡。不过随着梅多克酒庄庄的主越来越富裕，他们在十八九世纪又建起了更富丽堂皇的庄园，"城堡"这一术语也变得越来越平民化。之后，在波尔多生产的所有葡萄酒都以庄园名命名，当然，偶尔也会出现令人懊恼的滥用情况。在波尔多葡萄酒中，有7000多种带有"酒庄"字样的酒标。但实际上，酒标上的"酒庄"并不一定要求有真实对应的酒庄，比如莱维尔维尔·巴顿庄园葡萄酒，其实现实中并不存在莱维尔维尔·巴顿庄园。甚至还有一些品牌只标注一个纯粹的使用场所（比如酒库），不过，这完全不影响该类酒的销售交易。

从庄园到农舍

所有的波尔多葡萄酒无一例外地以庄园名命名，但是在某些地区的规定则更严格，它要求葡萄的种植必须有条不紊，诸如带有"产区"或"农舍"之类的命名就被采用，甚至还有一些葡萄种植者，把自己的葡萄园命名为"谷仓"。20世纪，在贝济耶地区，出现来自朗格多克的、大批量生产且远销法国北部地区的葡萄酒，一些有钱的商人着手建造了无数堪比梅多克的酒庄，它们被称为"批发商酒庄"。现在，其中一些酒庄已经恢复了往日的荣光，其他的酒庄则慢慢褪去了昔日的光彩。

> "所有的波尔多葡萄酒在酒标上都以庄园名命名，没有例外。"

庄园灌装

　　酒标上出现的"在酒庄灌装"字样，保证了葡萄酒的产地。过去，葡萄酒要么散装，要么成桶交易出售给销售商，由销售商负责灌装。所以，玛歌酒庄的瓶子可以在伦敦或布鲁塞尔进行包装。也就是说，各种欺诈、假酒交易的大门就这样敞开着。著名的木桐·罗斯柴尔德酒庄所有者——菲利普·德·罗斯柴尔德男爵，为了确保自己庄园生产的葡萄酒能在具有波尔多葡萄酒酒庄分级的酒庄里进行灌装，做出了不懈努力。这一庄园灌装的政策直到如今依然在施行。对于那些合作酒窖，只有当他们酿造灌装的葡萄酒确实来自某"酒庄"时，才能在酒标上标上"酒庄"字样。

"车库葡萄酒"

　　"车库酒"是指那些精心选择，产量机密，而且葡萄品种经过非常严格的筛选，酿造工艺先进的葡萄酒。这些葡萄酒的售价甚至超过了那些名品葡萄酒。1979 年，在尚无名品葡萄酒分级的波美侯地区，人们就创立了这一模式。首先是老色丹酒庄庄主雅克·提安蓬创立了里鹏酒庄，与此同时，让－吕克·图尼文也在瓦兰德拉创立了另一个名酒级别的酒庄——圣埃美隆大酒庄。这种车库葡萄酒现象迅速蔓延到所有的葡萄种植园，作为原型，这些地区的葡萄酒既不代表产区，也不代表酿造工艺，而且只有那些遵循着严苛的生产工艺的葡萄酒才得以永久保留下来。2012 年，瓦兰德拉被列入了圣埃美隆 B 类葡萄酒。

你了解葡萄酒酒庄吗？

一家酒庄，一个葡萄酒品牌

在酒标上，经常出现"酒庄"一词被滥用的现象。通常情况下，根据目标市场，就算是同一种葡萄酒，也会以不同的酒庄名来命名。现如今，只有产自某一酒庄集团（多家古老酒庄合并），且葡萄生产和酿造均在不同庄园完成的葡萄酒，才能够在酒标上标明多家酒庄名。

宝马酒庄

7　葡萄酒是如何分级的？

古时候，人们就已经认识到土壤和葡萄酒之间的紧密联系。自那以后，葡萄种植者就在不断搜寻最适合的土壤并加以保护。现如今，名品葡萄酒之所以仍然能够占据头把交椅，并不在于媒体的大肆宣传，而在于几百年来一直秉持的品质保证。

葡萄酒产区

根据各地区不同的地理环境，各个葡萄种植地区根据其对应的土壤质量被分成了略地产区、市镇产区或葡萄产区。

过去人们是如何给葡萄酒分级的？

在古罗马，有些地方因其葡萄酒的品质而享有盛誉，例如法勒内，这是一种产自坎帕尼亚的白葡萄酒，人们区分了在山顶、山腰或在山脚不同地理位置种植并采收的葡萄，以此来划分葡萄酒的品质。从中世纪开始，僧侣们对最优质的葡萄产地进行了细致的划分。因此，在勃艮第，西多会主教士们酿造出了著名的伏旧葡萄酒。而1644年，在莱茵河对岸的弗兰肯区，人们也根据葡萄生长在斜坡或平原上的具体位置，将维尔茨堡葡萄园分为四个等级。直到1830年，才终于诞生了第一套德国的葡萄酒分级系统，该系统以所酿制葡萄的糖含量作为基础。

勃艮第的克里玛

命名等级

像法国的其他地区一样，勃艮第也有自己的大区命名（例如勃艮第红葡萄酒和勃艮第起泡酒）、区命名、市镇或乡村命名（比如有名的玻玛红葡萄酒），某些产区命名汇集了多个市镇，形成共同的产区。由于市镇的命名比较复杂，这些产区的葡萄酒分级还要加上克里玛（指的是因其特有的地理和气候条件，而被明确区别和划分的一块葡萄园）。在勃艮第，名品酒是在一个界限分明的产区生产出来的，因而这类酒以当地名称命名。

中世纪以来，僧侣们就一直根据所生产葡

葡萄酒是如何分级的？

萄酒的质量来对葡萄产区进行分级。1855 年，拉瓦勒博士在他的著作《金丘的历史与统计》中列出了一张最佳名品葡萄酒清单。6 年后，博讷农业委员会受它的启发，为了参加巴黎世界博览会，也列出一份葡萄酒排名榜单。

地籍实体

一直到现在，这份排名几乎没怎么改变过。酒标上的"克里玛"是一个地籍实体，它可以由多个所有者共享，这个术语也清楚地反映了勃艮第各葡萄酒产地的微气候差异。如果某葡萄酒并不是来自分级的地区，那么它就只能按照市镇命名级别命名了，而酒标上的"克里玛"则由种植者自行决定是否标注，标注时其字体大小必须小于市镇名称的大小。有一些在法定程序上被纳入名单的克里玛所出产的葡萄酒，还被列为特级葡萄酒，这些克里玛的名称按照和法定产区名称一样的字体大小出现在酒标上，比如（顶级）波玛和艾贝诺。而那些被列为特级酒的克里玛葡萄酒，都是按照原产地的整个名称来命名的，比如香贝丹特级酒，所以不要和热夫雷－香贝丹这种法定产区命名的红葡萄酒混淆了。

葡萄酒选购篇

◀ 葡 萄 酒 是 如 何 分 级 的 ？ ▶

阿尔萨斯产地的葡萄品种命名法

阿尔萨斯葡萄酒的最佳年份是 1975 年、1983 年、1992 年、2001 年和 2007 年，这几年出产的葡萄酒被列为特级葡萄酒。阿尔萨斯葡萄酒的产地共有 51 个，和勃艮第一样，可细分为以下产区：肯特斯海姆镇的施洛斯伯格，尼德莫尔史维镇的索莫伯格，施耐恩堡的里克威尔，图尔克海姆的布兰德。它们位于孚日山脉地区（主要是上莱茵），因肥沃的土壤和充足的日晒，使当地的葡萄脱颖而出。

只有雷司令、灰皮诺、琼瑶浆和麝香这四个贵族葡萄品种酿造的葡萄酒才能以阿尔萨斯特级产区命名，当然，这四个品种每年核定的产量肯定低于其他以阿尔萨斯产区命名的葡萄酒，但这并不妨碍人们对这四大贵族品种趋之若鹜。此外，与特级酒相比，大型生产商更愿意在酒标上强调自己的品牌或某特定葡萄酒产区的名称，而不是强调相应的特级酒，因为他们认为这些特级酒的名声不足，比如克洛斯·圣·胡恩就属于罗莎克特级酒的一种。

香槟地区的市镇命名和葡萄价格

在香槟地区，一级酒和特级酒对应的是市镇命名酒，不是产地。这种分类系统比较特别，且和香槟酒生产的特定组织联系在一起。很多葡萄种植者（葡萄批发商）都愿意将自己的葡萄卖给有名的香槟酒庄，由它们进行葡萄酒酿造，并贴上香槟地区自己的品牌，然后投放市场。当然，确定葡萄的价格并规范市场还是有必要的。从 19 世纪末开始，每个市镇都根据所产出的葡萄酒的品质进行了评级。这个评级被称为"葡萄酒量表"，用百分比表示，一般介于 80%～100% 之间。专业人士会确定一个葡萄的参考价格，然后各个市镇根据分配给他们的葡萄的百分比来售卖其收获的葡萄，所卖价格是参考价格的 80%～100%。分级达到 100% 的市镇有资格获得特级酒的称号，比如马恩省的 17 个市镇（布兹、克拉芒、阿维兹、西莱丽等）。而一级酒的级别则介于 90%～99% 之间（共 38 个市镇），其余的则介于 80%～89% 之间。

勃艮第的金丘产区是如何分级的?

勃艮第的特级葡萄酒位于金丘,从北边的夜丘(盛产红酒),一直到南边的博纳丘。还有垄断的情况存在,即一些产区只属于一个庄园,比如塔特葡萄园。其他地区则都是分散共享的,占地 50hm^2 以上的孚若葡萄园就被划分成了各个小产区,分配给 80 多个种植者。当然,这些产区占地面积都很小。还有一些以市镇命名的葡萄酒,它们都将村庄的名称和有名的特级葡萄酒联系了起来,这有时候会给人带来误解。比如,法定产区命名的热福莱-香贝尔丹葡萄酒,产自一个叫热福莱的市镇,而不是顶级葡萄酒香贝尔丹。如果消费者们能够通过价格来区分普利尼-蒙哈榭和蒙哈榭两种葡萄酒的话,那么更应该特别注意酒标上的名称。

波尔图的葡萄酒等级

世界上最古老的葡萄种植区位于葡萄牙波尔图的杜罗河谷,它始于 1756 年,但是直到 1937—1945 年,该葡萄园才被归类为顶级庄园。当时,人们是根据土壤的质量来确定葡萄价格的,所以,他们对 8.4 万个产地进行了仔细的研究,包括葡萄品种、产量、土壤的页岩性质、坡度、海拔、日晒程度……由此,一个范围从 A 到 L 的等级标准就诞生了。只有那些归类为 F 级的葡萄酒才是产自波尔图的葡萄酒,其他酒只能算作干红葡萄酒。

波尔多的葡萄种植园可分为大区命名（比如波尔多葡萄园、超级波尔多葡萄园）、次地区命名（比如梅多克、格拉夫）和市镇命名（比如波雅克、波美侯、苏玳）。在某些命名产区，还可以把产区内和非产区内加入分级系统里，这就是四大分级系统——梅多克分级、苏玳分级、格拉夫分级和圣埃美隆分级。

1855年酒庄评级

梅多克葡萄酒

在 19 世纪中叶，波尔多取得了商业上的巨大成功，一方面这得益于将波尔多和巴黎连接起来的铁路，这条铁路的建成使波尔多出产的葡萄酒得以销售出去；另一方面还得益于拿破仑三世签订和颁布的贸易协议和自由交换政策。比起波尔多其他地区的葡萄酒，梅多克从中获得的利益更大，因为梅多克葡萄园的所有者们改善了他们的开采技术。他们按照一位名叫古耶特的医生所倡导的方法，排干水，改良土壤，修剪葡萄藤，进而大大提升了葡萄的品质。因此，他们最终赚得盆满钵满也就不足为奇了。和在巴黎一样，在波尔多的银行家和商人们也纷纷开始对这里的葡萄园进行投资。所以，梅多克葡萄酒和苏玳甜葡萄酒名声远扬，甚至还出现了许多以此为主题的著作，其中最著名的是《波尔多及其葡萄酒》，现如今，这本书的出版商费雷出版社也名声在外。

一个几乎完美的分级

1855 年，在巴黎举行的世界博览会上，波尔多的葡萄酒很自然地被选为该地区的代表。正是在这次世博会上，应拿破仑三世的要求，波尔多商会经纪人根据他们对较长参考期内的价格的研究，确定了一份官方的梅多克葡萄酒（还要加上格拉夫、侯伯王酒庄）评级和苏玳评级。被列入评级系统的葡萄酒要参考其品牌、酒庄名

什么是波尔多葡萄酒评级？

"尽管进行了几次尝试，但都没有成功，该排名并未得到修改。它被认为是不可侵犯的。"

称等标准，但不用考虑地籍实体。梅多克葡萄酒可分为五类，从一级到五级依次递减；而苏玳酒和巴萨克酒则只有两类，滴金酒庄是其中的一级高档酒庄。1973年，木桐 - 罗斯柴尔德酒庄最终升至一级特等酒庄，除此之外，其他酒庄的升级尝试都失败了，因为这个评级被认为是不可侵犯的。

格拉夫评级

格拉夫地区的葡萄酒曾经因为种植的葡萄被白粉病肆虐，而从1855年的排行榜中被剔除掉，尽管如此，它又在1953年和1959年被评上了最佳红葡萄酒和最佳白葡萄酒。这个评级按字母进行排序，没有等级之分。

各大葡萄酒品牌可以按照葡萄酒的属性进行分类：白葡萄酒、红葡萄酒或桃红葡萄酒。现在，这几种酒都被划分到佩萨克 - 雷奥良产区命名葡萄酒，而其中最著名的要数在1855年被纳入评级的侯伯王酒。

什么是波尔多葡萄酒评级？

"在圣埃美隆大葡萄园产区，1955年建立了分类，原则上可以每十年修订一次。当这个决定性的日子到来时，各个葡萄种植区都开始热情高涨。"

圣埃美隆评级

在圣埃美隆特级酒产区，人们于1955年设立了一个评级，原则上该评级每十年就可以进行一次修改。这个评级适用于地籍实体，也就是适用于种植面积固定的葡萄园主。这里的酒庄分为特级酒庄和一级特等酒庄，而一级特等酒庄又被划分为A级和B级两级。每当评级修改的日期到来之际，各个葡萄种植区都开始情绪高涨。但在2006年进行的第五次修改后，一些"失败"的酒庄向法院提起了诉讼。最新的2012年评级列出了4款一级特等A级酒庄（欧颂酒庄、白马酒庄，以及新加入的柏菲酒庄和金钟酒庄），以及14个一级特等B级酒庄和64个特级酒庄。

中产阶级酒庄评级

由于落选1855年评级，那些曾经属于波尔多中产阶级的名品酒酒庄便自己另外设立了一个特别的评级，2003年还修改更新了一次。这个评级分三个等级：中级酒庄、上等中级酒庄和特等中级酒庄。但这个评级后来受到了质疑，最终被取消。直到2008年，中产阶级酒庄评级再

什 么 是 波 尔 多 葡 萄 酒 评 级 ？

次浮出水面，这次它以更为精确的大众评价作为基础，并且每年都会更新。为了显示出"中产阶级"一词，这些酒庄必须遵循一定的准则，还要通过选拔测试，即对酒庄进行参观考察，并安排一个独立的机构对葡萄酒进行盲品。同理，还有"农民级酒庄"和"手艺人酒庄"两种评级。不过这样的评级越来越少地能在酒标上看到，因为大多数小酒庄已经被大酒庄收购或兼并了。

稳如泰山的波美侯酒

　　波美侯产区的葡萄酒是吉伦特河岸盛产的最昂贵的葡萄酒，这里出产的葡萄酒从未有过掉出评级的危险。因为这个产区的葡萄园规模适中，且评级是根据实实在在的酒的品质被建立起来的，并没有被官方化。

9 葡萄酒评级可靠吗？

对于那些对葡萄酒了解甚少的人来说，评级是一个重要的选择依据。然而，好奇的葡萄酒爱好者们会发觉，即使是未进入评级的葡萄酒，有些也能凭借着上好的品质受到关注。

1855年评级已经过时了吗？

1855 年评级一直被视为不容侵犯的，数次修改的尝试都无疾而终。不过，从 1961 年开始，各葡萄种植户开始进行革新，主要是扩大了园区规模。当然，有的也经历了"查无此人"或者被兼并、重组、几经转手的命运。如今，这个排行榜之所以还能继续保留下来，是因为被列入排行榜的是品牌而不是产区。但导致的结果是，葡萄酒的品质参差不齐，并且受到了来自公平市场的惩罚。这就是为什么当时顶级的靓茨伯酒庄产的葡萄酒，居然只能卖到已经失去了市场地位的二等酒的价格。

另外，列入评级的名品酒依然保持着自己的头把交椅的地位，剩下的未入榜葡萄酒也就没什么优势可言了。当然，圣·苏林·德·卡杜的马利酒庄的酒除外，或许是名品酒种植者开了圣手的缘故吧，这个地方的土质非常好。因为它被纳入榜单，所以越来越多的投资者们开始投资这片土地，精心耕耘，以期产出高品质的葡萄酒。

评级修改

如果像圣埃米隆评级一样频繁地修改评级，葡萄酒市场可以在一定程度上避免出现过度膨胀的情况，给葡萄种植园带来革新。不过，这也会导致深度的整顿难以进行，而且我们也不得不承认，这份评级其实也经不起多大的改变（它经常受到质疑，甚至被诉诸法律程序），或许这是因为酒庄庄主们只着眼于怎么提高自己的排名吧！

葡 萄 酒 评 级 可 靠 吗 ？

频繁更新的圣埃米隆评级使得类似卓龙梦特的酒庄能够凭借圣埃米隆评级一飞冲天，从特级酒庄升级为一级特等酒庄。

不能只看评级选购

在勃艮第，地区官方评级并不能成为最具公信力的指标，因为葡萄酒级别的高低更多的是靠价格体现的，而非品质。所以，消费者还是会依照购物指南，以年份和酿造技术的好坏作为购买的依据。80位伏旧酒庄的拥有者尽管各自资质不同，他们所产的葡萄酒却都享有特级名庄的美誉。不过，与其收购一个特级酒庄的葡萄酒命名权，倒不如买信得过的市镇命名的葡萄酒。

10 精选佳酿意味着品质高端吗?

人们常说"精选",可是精选的佳酿葡萄酒怎么就特别了呢? 这些有着讨喜名字的葡萄酒品牌,凭什么就能代表产区葡萄酒中的高端产品呢? 说实话,就官方而言,精选佳酿葡萄酒还没有任何定义。葡萄酒爱好者们要想购得与"精选佳酿"相匹配的葡萄酒,需要自己去了解酿酒师的技术和声誉。

> **精选佳酿葡萄酒**
>
> 选自同一或者多个产地的葡萄酒,经过特定灌装后,由特定经销商进行推广的葡萄酒,即可称为精选佳酿葡萄酒。

佳酿就意味着品质的保证吗?

"佳酿"这个词只是说明了这些灌装的葡萄酒来自同一产地或者多个产地,并不意味着其品质一定能得到保障。任何名称都可以加入佳酿的酒标上,比如冠之以"珍藏""传统"等经典的命名,或加上合作产地主席的名字、种植园主女儿的名字、各大区或历史或事件的关键词等,这都是 2000 年各大佳酿葡萄酒酒标上出现的名字。当然,如果这些酒标出现了山寨名酒,或者给消费者带来误导,那必然会受到反欺诈协会的制裁。只有那些所谓的"陈年酒庄"的佳酿葡萄酒不会受到任何相关管理条例的规范。

什么是顶级佳酿?

一般来说,顶级佳酿葡萄酒指的是产自顶级酒庄,选用最优质葡萄品种,且在酒桶中发酵而成的葡萄酒。在香槟地区,这些按年份分类的精品佳酿,通常都是由放置在木架上的酒瓶经二次发酵而制成的,其基酒有时还会放在木桶中酿造。精心酿造

> "一般来说,顶级佳酿葡萄酒产自顶级酒庄,是用最好的葡萄,精心酿制的。"

而成的葡萄酒，价格必然会居高不下。尤金·梅西尔是第一个推出精选佳酿葡萄酒的人，当时取名为帝王佳酿，献给了拿破仑三世。侯德家族也不甘落后，从1876年开始，每年出产专门献给沙皇亚历山大二世的香槟酒，即水晶香槟酒。最近的一款顶级佳酿香槟酒，是唐培里侬于1936年推出的酩悦香槟酒，它大获成功，远销海内外。

除此之外，泰亭哲伯爵香槟（丰年、晚除渣系列）、首席法兰西老藤香槟、库克梅斯尼尔白中白香槟（单一酒庄年份）、罗兰百悦香槟（无年份），这些顶级佳酿也同样蜚声海内外。在波尔多，苏玳地区则出产过命名为"陈酿"或者"珍藏"的佳酿。大部分精选佳酿酒都有自己独特的酒瓶设计。

11   副牌葡萄酒是不是"低人一等"？

感受高档酒的魅力，这是很多人无法企及的梦想。不过，由名牌高档酒的兄弟品牌酿制的葡萄酒（两者使用同样的产出和酿造标准）——副牌葡萄酒，也能赋予想象中的高贵滋味。

副牌葡萄酒

副牌葡萄酒指产自波尔多酒庄（且大多为比较年轻的或有名的酒庄）旗下的一些边缘系列酒。如今，副牌葡萄酒的队伍正在不断壮大。

如何定位副牌葡萄酒

一般认为副牌葡萄酒是从 20 世纪 80 年代开始迅猛发展起来的，但其实早在 18 世纪它就已经存在了，并于 20 世纪初找到了自己的尖端产品，即拉菲酒庄（ChâteauLafite-Rothschild）出产的拉菲珍宝（小拉菲）红葡萄酒，它于 1855 年被评为一级特等酒。为了不断提高葡萄酒的品质，被列入一级特等的酒庄必须更加严格地精选葡萄采摘时间，优先考虑陈年葡萄，选用更加密集、光照更好的大片葡萄园。不过，其余的葡萄（通常来自较年轻的葡萄庄园）同样也能在好的年份酿造出优质的葡萄酒。副牌葡萄酒的酒标命名和它的兄弟酒庄一样，因为它们都是在相同的设施和条件下进行酿造的。

酿造结束后，技术人员会品尝每个酿酒桶里的葡萄酒，据此决定是否定位为副牌葡萄酒。那些被排除在特等葡萄酒之外的就成了副牌葡萄酒。如今，副牌葡萄酒的产量已大大增加，而且也不再仅限于波尔多地区的葡萄酒。在其他地区，也有一些葡萄酒酒庄试图贴牌生产自己的副牌葡萄酒。

> "如今，副牌葡萄酒的数量大大增加，这种做法不仅限于波尔多葡萄酒，还包括资产阶级葡萄酒。"

副 牌 葡 萄 酒 是 不 是 " 低 人 一 等 " ？

副牌葡萄酒的优势

　　如果年份好，副牌葡萄酒就能获得非常高的品质；而如果年份不好，连特等葡萄酒也没什么表现的机会。因此，在年份不好的时候，有些酒庄干脆放弃酿造特等葡萄酒，副牌葡萄酒就成了小小的安慰。而如果年份特别好，副牌葡萄酒更是具有不可否认的优势，因为其分级更加宽松，不必等待过长的时间就能品尝，而且副牌葡萄酒

酿造的工艺与特级葡萄酒无异，所以也能拥有特等葡萄酒的一些优点——口感和香气都不差。另外，副牌葡萄酒的价格往往比他的"长兄"（特等葡萄酒）便宜约 25％。现如今，有些特等酒庄甚至还推出了自己的三等酒，这对葡萄酒爱好者们来说非常值得研究和讨论。

12 葡萄酒年份里有什么秘密?

得益于现代酿酒技术的不断发展和革新,现如今,灾难性的葡萄酒年份已经不会再出现了,取而代之的是很多差不多的葡萄酒年份。一直以来,葡萄酒爱好者们都对酒标上的日期非常感兴趣,因为这个日期很可能表明葡萄酒的品质。

葡萄酒年份

葡萄酒年份指葡萄采摘以及葡萄酒酿造的年份。

酒标上的年份大有用处

在酒标上标注年份,就像是标注葡萄酒的年龄。年份能够让葡萄酒爱好者们跟踪这瓶酒的年岁变化,预测品尝这瓶酒的最佳时间,从而确定自己开瓶的最佳时间。如果是好年份的话,这些葡萄酒就适合长时间贮藏,并且不宜过早饮用,爱好者们需要耐心等待;而年份不好的葡萄酒则适合尽早饮用。当你购买了好几箱相同年份的葡萄酒时,建议你定期打开并品尝其中一瓶,以便追踪葡萄酒在酒窖中的变化过程,直至找到品尝的最佳时期。

好年份与坏年份

一瓶年份好的葡萄酒,其突出的方面,不仅仅在数量上,也在品质上。年份好,意味着有温暖的气候,最佳的降水量,尤其还需要一段没有降雨的葡萄采摘期。俗话说:"八月酿造葡萄汁,九月酿造葡萄酒。"年份不好的原因,可能是夏季阴冷而影响葡萄的健康(导致腐烂),也可能是葡萄采摘期降雨多。然而,像2003年遇到的情况,过多的日照也会导致葡萄要么忍受不了干旱,要么迟迟无法成熟,要么采摘下来的葡萄糖分过高且酸度不足而失去平衡。

葡萄酒选购篇

◀ 葡 萄 酒 年 份 里 有 什 么 秘 密 ？ ▶

通过自然与人工的合力来影响年份

　　良好的土壤得益于定期浇水，而光照则能使土壤里过多的水分被慢慢蒸发，以保证葡萄藤在大雨过后也不会浸泡在水中。当然，这样的风土条件，还必须加上人的管理，葡萄种植者必须在葡萄尚未成熟的时候毫不犹豫地牺牲一部分收成，为剩下的葡萄生长创造良好的通风环境，促进其成熟。如果全年干旱的话，比如受到热浪袭击，那么葡萄园的保水能力（黏土）就成了关键。

　　北方地区生产的葡萄酒更容易受到年份的

好年份所具备的条件：温暖的气候，最佳的降水量，尤其还需要一段没有降雨的葡萄采摘期。

影响，因为气候变化有时有利于葡萄成熟，有时又妨碍葡萄成熟。海拔、日晒以及土壤吸热能力都可以补偿气候的劣势。在南部地区，气候更加温和，但是年份依然可能会受到干旱、雷暴和冰雹等恶劣天气的影响。为了降低高温天气的影响，可以把葡萄园规划成朝北的、带坡度的形式（比如位于普罗旺斯的调色板红葡萄酒），或设置在高海拔地区（比如朗格多克的利莫红葡萄酒）。

年份评分表

为葡萄酒年份打分，仅仅只是为人们提供一个普遍的趋势。因为对于同一年份、同一命名方式的葡萄酒，我们也能观察到不同产区的巨大差异：要么是自然环境带来的差异，要么是种植和酿造技术带来的差异，毕竟酿酒师是能够或多或少地将当年年份带来的风险降至最低的。比如骑士庄园曾经是佩萨克－雷奥良葡萄采摘量最大的酒庄，然而业界却普遍认为，它在 1965 年出产的葡萄酒是最糟糕的（可能就是受技术影响）。所以，年份表格只能作为一种参照手册。同样，在过早地品尝新酒时，不要过分地信任葡萄酒

的年份。因为品尝的葡萄酒样品只能大致代表混酿成品，而且此时的葡萄酒才刚刚发酵成熟。在这样的情形下，许多有名的品酒师也有可能完全错误地判断葡萄酒的品质。所以，要评判某一年份的葡萄酒，需要适当地推迟一下时间。

> "在过早地品尝新酒时，不要过分地信任葡萄酒的年份。要评判某一年份的葡萄酒，需要适当地推迟一下时间。"

年份酒会消失吗？

欧盟已与欧盟以外的国家和地区，就现行规定达成了一致，允许每一年的葡萄酒市场上保留前一年葡萄酒产量的 15％。当然，各个国家可以对自己国家的葡萄酒采取更严格的限制。这到底是向标准化迈进了一步呢，还是进一步走向规则的牢笼呢？

波尔多葡萄酒年份备忘录

优秀年份	糟糕甚至灾难级的年份
1945	1951
1947	1956
1949	1957
1959	1958
1961	1963
1982	1965
1985	1968
1988	1987
1989	1991
1990	1993
2005	2007
2009	2013
2010	
2015	

无年份葡萄酒

　　所有的葡萄酒，甚至是现如今依然出产的古老餐桌酒，都可以在酒标上标注年份。然而例外的是，干型香槟是没有年份的，还有一些波尔图和赫雷斯产的葡萄酒也没有，这些酒都有一个共同点——由多种葡萄混酿而成。

13   什么是有机葡萄酒?

尽管一些新技术已经慢慢传播开来，酿酒师仍可以自由地按照自己的意愿酿造葡萄酒。所以，三十多年来，只有葡萄的有机栽培受到了监管。2012 年，欧盟成员国之间达成了一项协议，对有机葡萄酒进行了定义。

有机葡萄酒

由有机葡萄制成，并根据欧盟发布的规范（尤其禁止了某些做法）而进行酿造的葡萄酒。

有机种植

不管是出于给土壤施肥还是防治害虫的目的，有机农业禁止任何化学处理。它也要求耕作时尊重土壤的本色，不要过分除掉土壤里的杂草。根据有机耕作的规范，葡萄种植者必须在同样是种植植物的葡萄园里遵守这些规定。但在波尔多的葡萄园里，却允许使用混合物（铜）和硫黄来种植，这引起了不少争议，毕竟硫酸铜是化学物质。要将一个葡萄园转变为具有这种有机种植方式的葡萄园需要三年，而且有机耕作方式要受到来自独立认证机构的严格把控，通过认证后，这些机构会颁发标签。当然，由于与传统耕作相比，这种有机耕作的成本更高（需要更多的劳动力，如葡萄藤管理、人工采摘），产量较低，因此，有机葡萄酒价格很高。

从有机葡萄到有机葡萄酒

人们在葡萄酒酿造技术规范上一直未能达成协议，直到 2012 年，"有机葡萄酒"才终于有了正式的规范。欧盟法规列出了授权的有机葡萄产品清单，其他未列入清单的则一律禁止贴上"有机"的标签。与传统的酿酒方法相比，有机葡萄酒中，硫的使用剂量降低了。但是，有机酒并不是"无硫酒"的代名词了。当然，某些添加剂的做法是被禁止的，例如冷酒浓缩或部分脱醇。因此，使用欧盟徽标"Bio"（"欧洲叶"）的葡萄酒必须遵守此规范，而"法国农业部"的标签倒不是必需的。当然，酒标还必须标明认证机构的名称或代码。

应当指出的是，也存在比这些规范更为严格的规范，比如私有酒庄酒标。

有机动力学

受到 20 世纪初奥地利人鲁道夫·斯坦纳有争议的理论的启发，有机动力学成了生物技术方面的顶端技术。根据有机动力学，葡萄园是一个既受地球自身（水、空气、火）影响，也受宇宙星际影响的有机体。因此，根据日历，我们可以确定有利于作物生长的时期，还能提供一些充满神秘的治疗方法，比如把装满粪便的牛角，与二氧化硅和荨麻一起放在水中旋转。这些方法让那些关注转基因生物的公众放心，甚至连优秀的酿酒师（其中不乏一些已经接受了科学培训的酿酒师）也在采用。他们相信，这样种植的植物会有更强的抵抗力，而且这种方法更倾向于预防而非治疗。

为了酿造以原产地命名的名品葡萄酒，我们对多年来种植葡萄过程中的化学治理（甚至是过度使用）带来的损害进行一番衡量之后，还是希望这些杰出的酿酒师不要过分地被影响。历史只是一个永恒的钟摆运动，一直在寻找平衡。

什么是天然葡萄酒？

天然葡萄酒是没有额外添加物的葡萄酒，尤其指没有添加亚硫酸盐的葡萄酒。葡萄酒生产者也希望能成为纯正的有机主义者，不断寻求葡萄园风土的纯净。与有机葡萄酒不同，天然葡萄酒不受监管，没有任何关于天然葡萄酒的官方规范。尽管广受欢迎，但天然葡萄酒也有自身的缺点。批评者们认为有些天然葡萄酒存在芳香偏差（氧化、口味不佳、酒香酵母等），而且，随着时间的流逝，这些天然葡萄酒往往会变得不稳定，加上没有保护措施，就像中世纪的葡萄酒一样，一年后就过期了。

14 如何通过不同的渠道购买葡萄酒？

　　当你逛超市或去葡萄酒专卖店时，总有琳琅满目的葡萄酒品牌供你选择。但是，无论是葡萄酒入门者还是老手，都想得到别人的建议，特别是向专业人士寻求建议。不管你是为了做一笔划算的买卖，还是出于对不同寻常的酒瓶的喜爱，抑或只是对某瓶酒一见钟情，都请务必时刻保持冷静。

在酒庄里买

　　最人性化的购买方式就是直接与葡萄酒生产者联系，因为去葡萄园或酒庄参观，有着不可替代的优越性，所以，如果你有足够的休闲时间，还是优先考虑去葡萄酒庄参观一下吧。在酒庄，你可以充分了解葡萄酒，了解该产区的秘密和特色，也能理解人与酒之间的纽带。在品尝时，有时候可能会有人向你提供一些坚果或奶酪片搭配着食用，但请你千万别尝试，因为这些食物会改变酒的味道。还有，别忘了不能酒后驾驶，如果你之后要开车，那就千万别喝酒。如果你是大老远赶来买酒，在决定购买之前请务必考虑运输成本，最好是能与朋友一起团购来分担费用。

在大型超市里买

现如今，大型超市能实现超过 80％的葡萄酒销售量。之前，人们一直担心超市的储存问题，但目前大型超市已经在竭尽全力保证葡萄酒的良好储存条件了。葡萄酒最好存放在避光的酒窖里。葡萄酒通常是按颜色（红葡萄酒、白葡萄酒、桃红葡萄酒）和生产地区进行分类的，这能方便消费者快速定位葡萄酒产地的地理位置。由于货架上琳琅满目的酒标实在看不过来，也选不过来，所以有些超市和一些葡萄酒专家会达成合作关系，为顾客提供专家级的建议。这样，顾客既能享受到专家的指导建议，又能低价买到心仪的葡萄酒，何乐而不为呢？此外，现在越来越多的优质名品葡萄酒和外国葡萄酒一起出现在专家精选的葡萄酒之中。当然，以机密方式分发的葡萄酒是不太可能在超市中销售的，甚至还有一些享有声望的葡萄酒生产商，他们拒绝在超市里看到自己的产品。

> "现如今，大型超市能实现超过 80% 的葡萄酒销售量。"

在葡萄酒直营店里买

葡萄酒直营店能够直接和酒庄取得联系，店主精选的葡萄酒通常能够反映出自己和顾客的口味，因此，每家葡萄酒直营店都有自己的风格。有些店是独立经营的，也有些是大型连锁店。直营店主可能会向你就葡萄酒的窖藏变化以及葡萄酒和菜肴的搭配提供一些建议，有时甚至会告诉你有关酿酒师的信息。可以说，在有些封闭的葡萄酒世界中，他是你的最佳顾问。

葡萄酒酒吧的优势

如果说在酒商那里只有可选择的瓶装酒，那么，能提供杯装酒也可能成为另一种优势。因此，不少酒吧开始提供葡萄酒外卖服务。

在葡萄酒展览会或沙龙上购买

　　每年九月，各大超市都会组织葡萄酒展览会，大力开展各类葡萄酒促销活动。运气好的话，我们能买到最划算的葡萄酒，当然，最不划算的酒也可能买到。所以，请你保持高度警惕，尤其是当你想购买本身出产量低的名酒时。在此期间，平常不会上架的一些名品葡萄酒也会出现，所以要好好利用这次机会。最理想的方式是先买几瓶，回家细细品尝，如果觉得不错，那就过几天再多买几箱你最喜欢的葡萄酒。另外，你还可以求助向导或专业媒体的说明，因为他们会在每年的这个时候制作出完整的购酒指南。那些经典的集市、葡萄酒沙龙以及重大节日庆典，也是品尝和购买葡萄酒的好机会。不过，请对那里的商业气氛保持警惕。给你一个忠告：按颜色区分来挑选，如白葡萄酒、桃红葡萄酒、红葡萄酒和黄金色的贵腐酒。另外，少品尝葡萄酒，以免使你的味蕾因为过于频繁地品酒而被麻醉。

网购

　　如今通信介质发生了变化，人们既可以通过纸质媒体了解知识，也可以通过网络获得信息。如果选择网购，建议你仔细阅读酒品目录，再与其他分销渠道做个对比，比较一下性价比和交货成本。你可以在网络上找到在其他地方买不到的葡萄酒，而且经常能在首次购买时就保证实际交易。当然，为了避免虚假交易，这些网络商家的声誉也会受到监管。

如 何 通 过 不 同 的 渠 道 购 买 葡 萄 酒 ？

　　葡萄酒展览会或沙龙是品尝并购买名品葡萄酒的好机会，因为这些上乘的葡萄酒平时在超市的货架上很难见到，那些葡萄酒产商也很难见到。但是，请你保持警惕，划得来的交易中也不乏赔钱的买卖，不要太相信商业广告。

在品酒俱乐部里团购

品酒俱乐部除了发挥教育作用外，还提供团购这一不可忽略的优势。在这里，精选的葡萄酒是被事先品尝过的，且经过了小组的评论和分析，你也可以将你的意见与其他成员的意见进行比较。有时候，葡萄酒生产商也会来到这里介绍他们的葡萄酒，并与俱乐部成员交流信息。

散装购买

无论是在葡萄酒直营店还是直接在葡萄酒庄园，人们都可以直接进行散装购买。散装购买的酒通常是一些价格低廉的"快销"酒，因为这些酒不适宜长时间存放在原始包装中。购买散装酒的最大优点是你可以在购买前品尝葡萄酒。对于散装酒来说，盒中袋包装是一项巨大的进步，因为把葡萄酒装在袋装盒子中，能保证葡萄酒即使在品尝过程中也始终处于避风状态，但开封后最好在一周之内全部喝完。如果你想最后一次与

朋友在桶中装瓶来作为纪念，请一定要注意酒瓶的卫生，选择质量好的酒塞，用卫生合格的工具来装酒。

葡萄酒运输

人们常说，在节庆期间广受好评的当地葡萄酒离开了这个地方就不好喝了。为什么呢？难道是因为葡萄酒不好了吗？还是因为缺乏当地的氛围？不，要点是你在超市或葡萄酒直营店购买的葡萄酒，经历了漫长的运输。要知道，葡萄酒的运输条件很重要，必须考虑温度差异、光线照射、存储等因素。如果你自己开车运输，汽车后备厢很可能变成熔炉，所以，在运输葡萄酒时要避免高温环境。运到目的地后，你还需要将葡萄酒放在一个条件好的酒窖里"休息"一段时间，这样葡萄酒才能恢复原来的品质。

在餐馆里点酒

　　尽管法国餐馆每年都在成倍增长，但在全法国销售的葡萄酒中，只有不到三分之一的葡萄酒是在餐馆出售的。一般来说，在餐馆点的葡萄酒价格不得超过餐点价格。在高档餐厅，清晰、准确的酒单价目表可以帮助你做出选择。侍酒师也会根据你点的菜肴或当地特色菜肴为你提供专业建议。同时，他会在开酒之前，先让你品尝一下选择的葡萄酒，这可是责任重大的事儿，万一你马上做了决定，可是开的葡萄酒口味却并不好，那就糟糕了。相反，在中档餐馆里，酒单价目表往往不明确。所以，你需要向服务员询问，了解该瓶葡萄酒的产地、命名和年份。还有一些餐馆会提供按杯定价的葡萄酒，这是一个发现新出产好酒的好方法，但大多数情况下，这些按杯售卖的葡萄酒都是比较平庸的酒。况且，谁知道这瓶酒第一次是什么时候打开的呢？谁又知道这瓶酒是怎么储存的呢？

15 一边喝葡萄酒，一边投资赚钱现实吗？

葡萄酒不仅是一项金融投资，也是一种享乐主义投资。投资人既可以从中盈利，也可以品尝到优质葡萄酒。毕竟，葡萄酒是用来喝的！

投资新酿葡萄酒：赌未来

投资新酿葡萄酒，意味着在葡萄酒还在酒庄酿造时就进行投资，也就是说，在你还没亲自品尝过这种酒时就进行投资。所以，你投资的葡萄酒要在一两年后才能交付给你。当然，新酿葡萄酒并不是指薄若莱那样的新酒，主要是波尔多特级佳酿和一些知名葡萄酒。这种投资，利润在于你可以以"出厂价"（有时比市场价格低25%）购买到上好的葡萄酒。但是，这种开放投资的葡萄酒，其数量受到配额的限制，并且持续时间短。

作为个体，你可以通过专业的投资公司、葡萄酒商人或网络销售代理人来投资新酿葡萄酒。投资后，他们会颁发给你一张所有权证书，你也可以转卖它。这种交易的风险和股票是一样的。如果某一普通年份酒突然价格猛涨，千万要提防，因为这通常是外国需求增加引起的。以1997年的酒为例，这种酒当时被炒到了特别高的价格，然而其质量评级却下降了，所以购买时需要谨慎。

拍卖投资：紧跟市场价格波动

拍卖会上会出现各个年份的葡萄酒，这些葡萄酒可能来自各个酒庄的地窖，或者来自某些人刚刚继承的遗产，或者是因为有人要搬家只好出售。你可以仔细查阅酒品目录和价格，了解一下添加到拍卖价格中的费用（约占成交价格的8.54%）。拍卖专家很少品尝过该酒，但他能指出葡萄酒的起源和历史，以及酒的贮藏和装瓶情况（酒瓶中酒的高度不应在瓶肩以下），以此来检查名酒的真实性。即使这样，你还是要时刻当心市场上冒出来的假酒。

葡萄酒评级的确定受到多种因素的影响，好的葡萄酒应该是或年份稀有，或声望高，或酒

一边喝葡萄酒，一边投资赚钱现实吗？

的级别高，或出产量少的酒。有一些特别抢手的年份葡萄酒，非常值得投资，例如来自波尔多的柏翠红酒、滴金酒庄贵腐酒和来自勃艮第的罗曼尼康帝酒庄葡萄酒。有些葡萄酒还屡次出现过破纪录的交易价格，如一瓶1811年的拉菲红酒，以2.06万欧元的价格成交；一家美国博物馆花了15多万欧元，竞拍下一瓶本应属于托马斯·杰斐逊总统的滴金酒庄贵腐酒。

那么葡萄酒的竞拍评级是如何确定的呢？拍卖专家们会整理在拍卖中达到的价格（不包括慈善销售中可能扭曲价格的情况）或市场价格，然后计算每个年份酒每年的平均值。尽管价格可能会随着市场和葡萄酒本身品质的变化而波动，但这些竞拍评级还是为评估葡萄酒提供了良好的基础。

怎么喝到免费的葡萄酒呢？

特别建议你对某些名品葡萄酒进行投资，年份好的话，可以买两箱新酿葡萄酒。贮藏十多年后，再拿一箱出来拍卖。通常，你赚得的差价刚好可以够得上买两箱的价格，这样，剩下的那箱就是免费的了！就算是初始投资金额不高，这些顶级名品葡萄酒的价格也可能会炒成天价。

葡萄酒品鉴篇

　　如果不能在正确的时间开启葡萄酒，就算是最高档的葡萄酒，也会失去风味。如果把葡萄酒存放在不合适的地方，就算是窖藏多年的葡萄酒，也会令人失望。葡萄酒太早开启，会攻击味蕾，也散发不出任何香气；开启太迟，又会失去本身的香气，酒体也不够饱满。把葡萄酒倒入玻璃杯时，要保证玻璃杯的温度既不要太低也不要太高，这样才能最好地呈现葡萄酒的品质。选择和葡萄酒一起搭配的菜肴也很重要，如果选择的菜肴不合适，对上好的葡萄酒来说，那就是暴殄天物了。学会品鉴葡萄酒，为的是在品鉴中获得成倍的快乐。那么，到底该如何给你的葡萄酒一个公正的评价呢？

16　葡萄酒有怎样的演变史？

作为有生命的有机产品，葡萄酒的一生就像人一样：从青春，到成熟，直至衰落。它的颜色会变化，香气也逐渐复杂化，单宁软化并与葡萄酒的成分渐渐融合在一起……这些线索可以让我们知道瓶子里的葡萄酒发展到了哪个阶段。

葡萄酒是有寿命的

每种葡萄酒在酒窖中贮藏时，都有各自的寿命，这叫作陈年潜力。陈年潜力取决于葡萄酒的产地、年份、葡萄品种、酿造和贮藏方式。如果葡萄酒爱好者购买了一箱或多箱同一品牌的葡萄酒，那么他可以根据自己品尝葡萄酒时的感受画出葡萄酒的进化曲线。贮藏的葡萄酒会慢慢地进化，越藏越好，直至达到最佳品尝期，也就是葡萄酒最好喝的时候。一瓶普通的葡萄酒会在一年之内达到品鉴峰值，而一瓶特级葡萄酒则需要十年甚至二十年的贮藏时间。过了这个时间，酒的品质就会下降，直到"死亡"。一瓶特级葡萄酒会以其品鉴高峰期展现的状态作为自己的特点，并且与其他普通的葡萄酒相比，它的保质期更长，因为其中所含的氧非常少。相反，氧过量就会引起葡萄酒固化，使葡萄酒过早地呈现出棕色，出现烘烤味，就像在马德拉岛上生产的葡萄牙葡萄酒一样，给人不太好的品尝体验。

葡萄酒的颜色变化

红葡萄酒

年轻的红葡萄酒以樱桃红亮色为主，在阳光下会反射出独特的蓝色或紫色。在醒酒过程中，这种颜色会在玻璃杯杯壁（酒的边缘）上呈现出明显的橙色色调，然后再变成棕色。这些天然的红色甜葡萄酒，在经过多年的陈酿后，通常会显示出细微的差别，这种变化是多酚和花青素经过氧化而引起的。

白葡萄酒

年轻的白葡萄酒呈现淡黄色，在阳光下反射出绿色。随着时间的变化，它会慢慢变成稻草金色，然后变成铜金色。如果呈现出琥珀色，那就说明酒已经过了最佳品尝时间了。当然，本身适合长时间陈酿的天然甜酒就另说了。

桃红葡萄酒

桃红葡萄酒的颜色差别较大，有山鹑眼红色、鲑鱼红色和浅淡红色，但如果它出现了细微的黄色或类似洋葱皮的黄色，则表示这瓶葡萄酒已经在变质了。

香气的改变

一瓶新出的葡萄酒的香调，与生产葡萄的风土的香调（初级香气，即葡萄品种的香气）和葡萄酒酿造过程中产生的香气（第二级香气）息息相关。葡萄酒装在瓶中后，这些化合物慢慢氧化，或慢慢挥发，最终形成自己的香气——葡萄酒的第三级香气。

初级香气类似鲜花、绿植、水果的香气，有时还有香料（比如胡椒）和矿物质（例如夏布利白葡萄酒的化石）的香气。第二级香气则让人联想起奶油蛋卷、面包屑、黄油、新鲜的榛子、香蕉或英式浓郁的甜品香气。在所有芳香族中，第三级香气总能显示出细微的差别，它包含着干花、干果、红色果酱、皮革、野味、灌木丛、松露、蜂蜜和杏仁酱的香气。如果是种植在木架上的葡萄，那么葡萄酒里肯定还会带有香草、肉桂、烤面包、可可、咖啡或新木的气味。

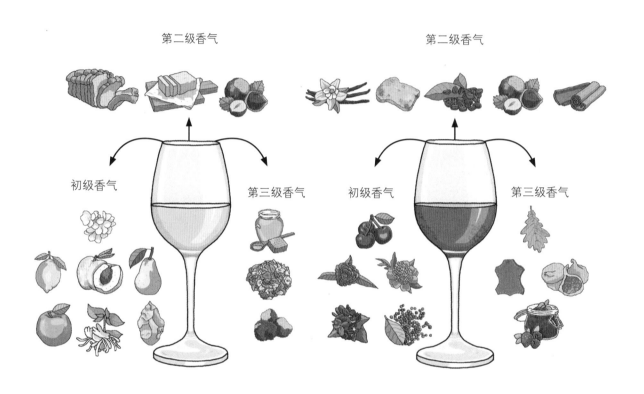

从越陈越香到死亡

在葡萄酒慢慢氧化的过程中，葡萄酒内的单宁和花色苷聚合会形成更大的分子，因而葡萄酒的涩味会减少，变得既和谐又柔滑。再过一段时间，当葡萄酒过了最佳品尝期后，这些单宁就会变少，葡萄酒的口味也会变薄，最终变干并变质，这瓶葡萄酒的"死期"也就到了。

贮藏的秘密

红葡萄酒本身就含有酒精、单宁，且酸度高，具有天然的防腐性，可保护其免受细菌的侵袭。然而，红葡萄酒很难避免氧化，虽然单宁是天然的抗氧化剂，但还是需要适当的酿造技术来稳定它们。因此，把红葡萄酒贮藏在木桶里的方法是不可替代的。单宁含量的多少不重要，重要的是单宁捕获自由基（引起氧化的因素）的能力。要知道，想让一瓶非常涩（单宁多）的红葡萄酒越陈越香，是不可能的。相反，它的挥发速度要比一瓶单宁少的红葡萄酒更快。但另一方面，单宁少的话，通常是在低酸度的条件下，这瓶红葡萄酒也没办法保证长时间的贮存。

白葡萄酒（一般酸度较高）里没有或者只有极少的单宁，但是，有一些白葡萄酒却具有极高的陈年潜力。所以说，葡萄酒里的酸度是抗氧化必不可少的王牌，比如德国或法国阿尔萨斯产的雷司令酒，以及卢瓦尔河谷产的白诗南葡萄酒，还有来自小满胜的如汉松酒，都是最好的证明。至于酸度相对较弱的白葡萄酒，如勃艮第白葡萄酒、罗纳河谷的埃米塔日白葡萄酒，则还没有任何能解释其超长寿命的科学依据。或许，这归功于白葡萄酒中的密度和原始平衡性吧。

葡萄酒开还是不开？

一年前，你从购买的一箱葡萄酒中取出了第一瓶葡萄酒品尝，那时葡萄酒已经散发出浓烈的香气了。但是现在，这箱酒的表现力却大大降低了，变得害羞起来。这是不是意味着这箱酒全变质了呢？千万别仓促下结论！葡萄酒只是把自己封闭起来了。这是一种发酵现象，葡萄酒装瓶后依然会继续发酵，这些酒依然含有丰富的单宁，而且还很年轻。有时候，在葡萄酒的陈酿生命中，甚至还会出现一种周期性变化。所以，你就耐心一点儿，等待葡萄酒重新打开的时刻吧。

17 陈酿葡萄酒什么时候可以喝？

最好在什么时候喝葡萄酒呢？当然是在你最快乐的时候。不过，如果你之前就知道名酒的陈年潜力，那么你可以通过品尝来控制陈酿的时间，这也能带来极大的乐趣。总之，你既可以自己判断，也可以遵循购买指南，还可以从侍酒师甚至是生产商那里寻求建议。

成为精致的战略家

在你购买陈酿葡萄酒时，最好是同一种酒买两箱。这样，一箱可以每年或每两年品尝一瓶，以此来检测其陈酿过程；另一箱则可等到葡萄酒达到最佳品尝期（即到了你最喜欢的口味时），再好好品尝。

"在你购买陈酿葡萄酒时，最好是同一种酒买两箱。"

酒是万万不能缺的

如果你一直能品尝到足够多的、处在最佳品尝期的葡萄酒，那么，你可以购买陈年潜力不一样的葡萄酒。如果有可能，可以是不同产区、不同酒庄的葡萄酒，这样就可以增加和不同美食搭配的可能性。当你把可陈酿5年、8年、10年、15年甚至更长时间的葡萄酒放入酒窖时，别忘了把已经喝掉的葡萄酒补上。不过，千万要谨慎补充那些拍卖购得的古老年份葡萄酒。

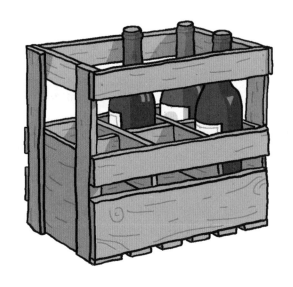

根据陈酿指南选择靠谱儿吗？

在专业葡萄酒杂志和指南上发表的评论是非常有用的，但是，还是请注意，葡萄酒的变化也可能受到你家酒窖的贮藏条件的影响。而且，你家的葡萄酒并不会一直忠实地体现出那些评论中描述的情况。同样，对初次品尝波尔多特级佳酿时给出的评级，你也要谨慎对待，因为这些专家（经纪人和商人）品尝的是混合前从罐或桶中采集的葡萄酒样品，而在酿造和装瓶这段时间之内，总是有可能发生一些意外的。而且，选择的葡萄酒样品肯定都是特别优秀的少数样品，并不能代表葡萄酒的全貌。

从不同分类角度来确定葡萄酒的寿命

按葡萄品种

有些葡萄品种就是比其他葡萄品种更适合陈酿，比如赤霞珠和黑皮诺，它们与佳美、梅洛和歌海娜相比，陈酿时间更长。

按葡萄酒种类

年份最好的葡萄酒不一定就是最适合陈酿的葡萄酒，只有那些酒质非常平衡的年份酒才适合陈酿。一瓶白葡萄酒长寿的关键在于其葡萄酒的酸度：酸度太高，酒质会硬；酸度太低，酒质则会绵软，因为过早地完成了发酵。而红葡萄酒是否适合陈酿，则是由单宁的成熟度决定的，少量成熟单宁有利于酒中物质的集中，促进酒的酸度、甜度和涩味之间的和谐。

按葡萄酒产区

每个葡萄酒产区都有自己的酿酒和陈酿理念，其提取葡萄酒中最佳成分的方式在一定程度上决定了葡萄酒中单宁的质量，也就决定了葡萄酒的寿命。一些被过度提取的葡萄酒，在葡萄酒还年轻时就有比较深的颜色，物质也很浓稠，但是几年后，这些物质和颜色会完全褪去。

按葡萄酒产区确定能够陈酿的葡萄酒

法国产区

阿尔萨斯产区　雷司令干性白葡萄酒可以保存 5 ~ 10 年，它们必须是晚收葡萄酒，或者是从灰皮诺和琼瑶浆里精选的葡萄酒，这些酒的陈酿时间最长，可达到 5 ~ 20 年。

勃艮第产区　勃艮第产的白葡萄酒和红葡萄酒都必须在酒窖中保存至少 5 年。然后，陈酿 15 年或更长时间之后，才能达到最佳品尝期。一等特级酒庄和村庄的葡萄酒（市政级命名的）要 5 年后才能喝。在勃艮第，酿酒师的签名有时候比葡萄酒的地理来源更重要，它甚至破坏了原有的等级。

波尔多产区　白葡萄酒中，佩萨克－雷奥良产区的酒，尤其是特级酒，其口味在贮藏 10 年后会变得无比丰满。而红葡萄酒中，左岸的葡萄酒，例如梅多克和格雷夫斯，陈酿得特别缓慢，9 ~ 20 年之后才能到达最佳品尝期。还有，品质最好的名品酒，其陈酿寿命更长。而右岸的葡萄酒（比如圣埃美隆、波美侯）和梅洛相比，其陈酿的时间更短，基本上 6 年后就可以了，不过，也有可以陈酿 20 年的酒。至于苏玳，其

9 ~ 20 年

陈酿时间则很一致，一直没变过。其他酒则可以在任何时候品尝，刚出产的新酒可以喝，陈酿 15 年之后再喝也没有问题。

香槟产区　香槟酒只要不投入市场，可以陈

酿很久很久，只是一旦把香槟酒存放进你的酒窖，一定要置于阴凉、避光的地方。如果这瓶香槟酒是一瓶精选香槟或者年份上好的香槟，就需要贮存 5~10 年。

汝拉产区 黄葡萄酒也能贮藏很久（10~30 年不等，有时更长）。甜甜的麦秸酒可以保存 10 年。其他的葡萄酒则很快就会过期：白葡萄酒 3 年，红葡萄酒 5 年。

5~30 年

卢瓦尔河谷产区 白诗南葡萄酒，不管是干白（萨弗尼叶尔产区）还是甜白（莱昂丘、邦尼舒、夏木武弗雷产区），其寿命都比较长，可以存放 5 年到 30 年不等。

这里的红葡萄酒很少用于陈酿，不过，希侬酒和布尔格伊酒除外，它们可贮存 5~10 年不等。

普罗旺斯和朗格多克－鲁西永产区 地中海沿岸地区的葡萄酒发酵比较快，不利于长时间贮存。当然也有例外，普罗旺斯的邦多勒酒和调色板酒，以及一些来自朗格多克的名品酒，比如圣希尼昂酒、福热尔酒，还有一些来自科比埃和密涅瓦的酒，特别是科比埃－布特纳和米内瓦－拉里维涅，都可以贮藏 4~8 年。歌海娜酿成的天然甜酒（莫里酒）甚至可以保存 20~30 年。

罗纳河谷产区 罗蒂谷酒、科尔纳斯酒（红葡萄酒）和红白埃米塔日葡萄酒能陈酿 5~20 年。孔得里约酒（白葡萄酒）不需要陈酿太久，2~5 年就可以了。在罗纳河谷的南部，教皇新堡酒庄认为歌海娜酿造的酒最好还是多陈酿几年，毕竟是有名产区出产的葡萄酒，5~15 年的贮藏期是没问题的。

5 ~ 20 年

法国以外的产区

南非　干白葡萄酒只需要贮藏 2 ~ 5 年就可以喝了，而红葡萄酒（赤霞珠）则要等 5 ~ 8 年才能喝。至于甜葡萄酒，比如康斯坦提亚，则至少得贮藏 10 ~ 30 年。

德国　雷司令干白葡萄酒，以及更有名的甜葡萄酒（比如逐串精选葡萄酒、逐粒精选葡萄酒和干浆果精选酒）都具有巨大的陈年潜力。雷司令陈酿需要 10 ~ 15 年，而甜葡萄酒则长达 30 年。

阿根廷　马尔贝克和梅洛两大产区出产的葡萄酒可以陈酿 2 ~ 8 年。

澳大利亚　西拉和赤霞珠酿成的葡萄酒具有 8 年以上的陈年潜力，新酿的酒至少得等 3 年后才能开启。

美国加利福尼亚州　该地区出产的红酒平均陈酿时间为 5 ~ 10 年，但也有例外。

智利　赤霞珠和梅洛酿制而成的葡萄酒可以在地窖中陈酿长达 8 年的时间。

西班牙　这里出产的红葡萄酒分为窖藏酒（西班牙语叫 reserva）和窖藏名酒（西班牙语叫 gran reserva），它们需要在木桶和酒瓶中陈酿很久后才能投放到市场。葡萄酒一旦上架，就可以直接喝了。另外，和波尔多葡萄酒一样，只

法国西南产区　此产区的红酒，如卡奥尔酒和马迪郎酒需要贮藏 5 ~ 15 年；白酒，如朱朗松，需要贮藏 5 ~ 20 年，而朱朗松干白葡萄酒则需要贮藏 2 ~ 10 年。

有标注了"陈酿"（西班牙语为 ciranza）的葡萄酒才需要贮藏，并根据酒的品质确定贮藏时间，一般为 5 ~ 10 年。通常，新酿的白葡萄酒当年就能喝。不过，赫雷斯白葡萄酒（雪利酒）则需要贮藏 5 ~ 15 年之后再品尝。

意大利 意大利也出产优质的红葡萄酒，它们需要陈酿至少 15 年，比如来自皮埃蒙特的巴罗罗酒和巴巴莱斯科酒，以及来自托斯卡纳的蒙特布查诺酒或者托斯卡纳的布鲁奈罗－蒙塔希诺酒。不过，经典基安蒂酒的贮藏时间更短一些（3 ~ 10 年）。甜葡萄酒禁得起 10 年的贮藏，比如来自托斯卡纳的桑托葡萄酒、弗留利的皮库利特酒，以及利帕里酒庄玛尔维萨酒。

新西兰 赤霞珠葡萄酒，特别是霍克斯湾出产的葡萄酒，要贮藏 5 ~ 8 年的时间，而长相思白葡萄酒的贮藏时间则为 2 ~ 5 年。

乌拉圭 丹娜葡萄酒可以陈酿 10 年以上。

3 ~ 10 年

18 好酒窖是怎样的？

无论你的酒窖是建在房子的地下室，还是建在隔离间里，抑或是建在车库中，都必须为葡萄酒提供良好的陈酿环境。这里有几条黄金法则是需要遵守的。

好酒窖的七大标准

1. 恒温环境

酒窖里，理想的温度要控制在 12℃左右。葡萄酒讨厌温度的急剧变化，但能够接受温度的缓慢变化。因此，如果冬天能维持在 10℃，夏天维持在 15℃，就没什么好担心的了。不论什么时候，温度都不能高过 20℃，或者低于零下 7℃。如果不能满足这个条件，就有必要在酒窖里安装空调了。

2. 高湿度

湿度应该设置在 70% ~ 80% 之间。这是必要条件，因为只有这样，瓶塞才不会变干，也不容易黏附在瓶壁上。你可以通过在地上铺可浇水的黏土地板，来调节自然湿度。过于干燥或过于潮湿的环境都是不合适的：在过于干燥的酒窖中，瓶中的葡萄酒很有可能会挥发；而在过于潮湿的酒窖中，酒标则会发霉。

3. 避光

紫外线对葡萄酒有害。酒窖里的照明应该柔和，除非必要，否则不要开灯。

4. 通风良好

通风不良的酒窖容易滋生霉菌，破坏酒帽和酒标。

5. 无异味

在长时间的贮藏过程中，异味会渗透进酒中。燃油和油彩的气味毫无疑问很容易渗透，还有蔬菜（特别是大蒜、洋葱）也会与上好的葡萄酒串味，所以酒窖中最好不要放这些东西。至于腐蚀酒塞的螨虫，万万不可用杀虫剂解决，因为这些杀虫剂也会渗透进葡萄酒中。

6. 无震动

如果酒窖易震动，那会严重影响放在酒架

好 酒 窖 是 怎 样 的 ？

高处的葡萄酒。很多城市里的酒窖很容易受到这样的影响，特别是在地铁和机动车辆经过以及使用家用电器时。所以，一定要定期查看酒窖里的酒。

7. 安全防盗设备

酒窖还要能够防备不速之客的到来。

建造酒窖前要考虑的几个问题

1. 你有什么样的需求？你设酒窖的目的是什么？

有必要估算一下你每年消耗的葡萄酒数量。如果你想把陈酿时间较长的葡萄酒保存 20 年左右，那么你就需要一个大酒窖；如果你购买的葡萄酒很快（至多 2 年）就可以喝完，那么你只需选择一个恒温的酒柜就好。

2. 一个简单的存储间是否就够了？

如果一个简单的存储间就够了，那你可以把它安装在一个房间的最里面，或者在楼梯下，或者在车库的一角；如果不是，那你就需要根据好酒窖的七大标准建一个真正的陈酿酒窖。

3. 你有多少预算？

考虑一下你建酒窖的预算，它应该比在此找到安身之所的葡萄酒的总价低，毕竟我们不能只凭一时兴起就建一个酒窖。

4. 建一个地下酒窖是否可行？

如果你要建一个地下酒窖，那必须首先确定你的房子是否能够挖地下室。这完全取决于地下室本身的性质、地下水位的高低（千万要提防地下水倒灌），以及机械操作的便利性。

如果你要在建造房屋的同时建造酒窖，那么建筑师将帮助你进行设计；如果你的房子已经建好了，那么就要请教专家来确定建造方案，以确保建筑物的稳定性。不管怎么说，请选择曝晒良好、坐北朝南的地方。建酒窖千万要避免使用聚苯乙烯、石膏砖、聚氨酯泡沫和蜂窝砖这类化学材料。地下酒窖可以不安装空调，但天花板必须隔热，也可以通过两个相对称（一个在地上，一个在顶部）的开口提供通风环境。此外，千万不要忘记安好细网，以防止啮齿动物进入。最后，考虑一下湿度的调节，如果土壤的性质不能自然地保证适合的湿度，那你就需要花笔钱买个湿度调节设备了。如果你的房屋土地不能挖地下酒窖，那也不要紧，你可以贴着房子或花园建一个酒窖，只要能满足酒窖需要的曝晒、绝缘、通风和湿度调节等环境条件就好。

5. 你的房间条件合适吗？

酒窖的必选之地最好是一间坐北朝南的房间，而且隔热效果要好。

6. 如何利用隔离间做酒窖？

如果想在房子里设置一个私人酒窖，其布局规则应和地下酒窖一样。还有，一定要加强防盗措施。

> "把你购酒的发票保存好，并在酒窖中保存一本本子，记录每瓶葡萄酒的进出情况。"

一些储存的小窍门

你可以购买湿度计和温度计，来检测酒窖的湿度和温度。把葡萄酒从可能会腐烂的纸箱中取出来时，需要平放着存放，不过蒸馏酒可以保持直立状态。能窖藏多年的名品酒可以放在纸箱里保存，但纸箱必须开盖，仔细地堆放，并与地面隔离。葡萄酒酒柜有多种选择，材质方面，既有经典的金属架子，也有用复合材料制成的预制单元格（包括木架子）；大小方面，建议你优先选择能贮藏大量葡萄酒的酒柜。如果你的酒窖常年受到震动的影响，可以在酒柜下方装上橡胶减震器。

平放存储的葡萄酒，会不太方便辨认。所以，切记要写上标签，并挂在酒瓶的脖子上或贴在底部，或者在每个酒柜上挂上（用于书写的）小石板。另外，还可以准备一个篮子用来从地窖里取出葡萄酒。如果地窖的空间足够大，为什么不在里面准备一个方便开瓶、滗析葡萄酒的地方呢？它可以是一张小桌子或是一个木桶。

19 如何让酒窖变得更富个性?

你可以根据自己的葡萄酒存储量、财务状况、个人消费情况和家里请客情况，确定怎么丰富你的酒窖。最重要的是，你家的酒窖能反映你的个人品位和激情。所以，酒窖里的藏酒还是丰富点儿好，这样你才不会因为只有一瓶酒——哪怕是世界上最好的酒，而感到厌倦。况且，多样的葡萄酒可以满足多样化美食搭配的需求。

打破常规的选择

如果你想存点儿经典款的葡萄酒来搭配美食，那么，不要忽略在葡萄园度假时、在葡萄酒交易会上，或者在葡萄酒庄里参观期间，发现的那些鲜为人知的葡萄酒。另外，即使受到了专业人士对葡萄酒窖藏建议的启发，你也要试着摆脱固有的思维模式，合理且大胆地选择你喜欢的方式。

学会管理

你最好制订一份买酒的预算，同时，还要留一点儿预算空间来满足可能一时兴起的购买欲望。如果你每年喝掉的葡萄酒大致保持不变，那么，你可以考虑更新每个类别中的葡萄酒。考虑到新出的年份葡萄酒的品质，如果某一年份的葡萄酒太普通，那请你毫不犹豫地跳过这一年份

的酒；如果某一年份的葡萄酒品质特别好，也请你毫不犹豫地多买点儿。不过，我们说的管理，可不仅是购买量的管理。如果某一类酒买了太多，或者你对某一类酒的陈酿过程不是很确定，那你必须得事先想好如何转卖这些葡萄酒。

手持酒窖账本

一般来说，酒窖账本可能是一本精美的插图书，或是一本简单的笔记本，抑或是一个电子表格，不论是什么形式，它对于正确地管理酒窖至关重要。你可以记录葡萄酒的进出日期，以及每次品尝之后的感受，还有你搭配的菜肴。同时也不要忘记，保留好葡萄酒供应商的联系方式。

如 何 让 酒 窖 变 得 更 富 个 性 ？

经典酒窖

以下是经典酒窖中可以收藏的葡萄酒清单，仅供参考。

产区	命名
阿尔萨斯	6 瓶阿尔萨斯产的雷司令葡萄酒｜6 瓶阿尔萨斯产的灰皮诺葡萄酒｜3 瓶阿尔萨斯精选葡萄酒
波尔多	6 瓶梅多克产的高档葡萄酒｜6 瓶梅多克产的中档葡萄酒｜4 瓶圣埃美隆产的特级高档葡萄酒｜2 瓶圣埃美隆产的高档葡萄酒｜6 瓶波美侯葡萄酒｜6 瓶苏玳或巴萨克葡萄酒
勃艮第和薄若莱	6 瓶夜丘产的一级特等红酒｜6 瓶伯恩丘产的白葡萄酒｜12 瓶夏布利产的一级和特等葡萄酒｜6 瓶薄若莱村庄酒｜6 瓶薄若莱名酒
香槟	24 瓶香槟酒，其中要 6 瓶桃红酒
朗格多克 – 鲁西永	6 瓶朗格多克产的红酒｜3 瓶福热尔酒｜3 瓶圣 · 希尼昂酒｜6 瓶鲁西永河谷村庄酒｜6 瓶鲁西永河谷白葡萄酒
卢瓦尔河谷	6 瓶希侬酒｜3 瓶布尔格伊酒｜3 瓶圣 · 尼古拉 – 布尔格伊酒｜6 瓶桑塞尔酒｜12 瓶密斯卡黛 – 塞维曼尼酒｜6 瓶索米尔 – 尚皮尼酒｜6 瓶莱昂丘或邦尼舒酒
罗纳河谷	12 瓶罗纳河谷或罗纳河谷村庄酒｜6 瓶罗蒂谷酒｜6 瓶埃米塔日酒｜6 瓶孔得里约酒｜6 瓶教皇新堡酒
普罗旺斯 – 科西嘉岛	6 瓶普罗旺斯桃红酒｜3 瓶邦多勒酒｜3 瓶卡悉白酒｜3 瓶阿雅克肖酒｜3 瓶帕特里莫尼奥酒
西南部	3 瓶贝尔热拉克河谷酒｜3 瓶佩夏蒙酒｜6 瓶卡奥尔酒｜6 瓶马迪郎酒｜6 瓶朱朗松酒｜6 瓶加亚克红酒
天然甜酒	6 瓶密内瓦产的圣 · 让麝香白葡萄酒｜6 瓶莫里酒｜6 瓶班努酒

葡萄酒品鉴篇

► 如 何 让 酒 窖 变 得 更 富 个 性 ？ ◄

富有新意的高性价比酒窖

你可以参照购物指南或专业媒体的推荐，从每个产区中选一种明星级的酒。

产区	命名
阿尔萨斯	6 瓶阿尔萨斯产的晚收琼瑶浆特级葡萄酒
波尔多	6 瓶弗龙萨克葡萄酒 ｜ 6 瓶波尔多第一丘干白葡萄酒 ｜ 12 瓶波尔多克莱雷葡萄酒 ｜ 6 瓶格拉芙红酒 ｜ 6 瓶梅多克葡萄酒 ｜ 6 瓶特级波尔多酒 ｜ 3 瓶巴萨克酒
勃艮第和薄若莱	6 瓶圣 - 欧班酒 ｜ 6 瓶马沙内酒 ｜ 6 瓶夏山 - 蒙哈榭酒 ｜ 6 瓶香波 - 慕西尼酒 ｜ 6 瓶普依 - 富塞葡萄酒 ｜ 6 瓶勃艮第克莱芒起泡酒 ｜ 6 瓶摩根酒（薄若莱名品酒）
香槟	10 瓶香槟酒庄酒，其中有 4 瓶桃红酒
朗格多克 - 鲁西永	6 瓶福热尔红酒 ｜ 6 瓶菲图或密内瓦红酒 ｜ 6 瓶利穆白酒（霞多丽）｜ 12 瓶奥克原产地保护命名红酒
卢瓦尔河谷	6 瓶布尔格伊酒 ｜ 3 瓶卡尔 - 德 - 绍姆酒
普罗旺斯	6 瓶普罗旺斯 - 博城葡萄酒 ｜ 6 瓶埃克斯 - 普罗旺斯丘白葡萄酒 ｜ 6 瓶邦多勒酒 ｜ 6 瓶贝莱白酒
罗纳河谷	6 瓶圣 - 约瑟夫红酒 ｜ 6 瓶圣 - 佩雷酒 ｜ 6 瓶克罗兹 - 埃米塔日红酒 ｜ 12 瓶凯拉纳罗纳河谷村庄酒 ｜ 6 瓶利哈克白酒
萨伏瓦	12 瓶诗酿 - 贝热龙萨伏瓦葡萄酒
西南部	6 瓶弗朗顿桃红酒 ｜ 6 瓶依户雷基酒 ｜ 12 马迪郎酒 ｜ 12 瓶佩夏蒙酒 ｜ 12 瓶圣蒙红酒
天然甜酒	6 瓶里维萨尔特酒 ｜ 6 瓶博姆 - 德沃尼斯麝香酒 ｜ 6 瓶科西嘉角麝香酒

法国以外产区

以下是选自全世界葡萄酒产区的葡萄酒清单，可以满足你家酒窖的基本需求。

产区	命名
南非	梅洛酒｜克莱坦亚酒
德国	摩泽尔晚摘雷司令酒｜莱茵高逐粒精选雷司令酒
阿根廷	马尔贝克酒
澳大利亚	西拉酒
加拿大	安大略冰酒
智利	赤霞珠
西班牙	里奥哈精选红葡萄酒｜杜罗河畔佳酿酒｜索蒙塔诺红酒｜普里奥拉酒｜下海湾、阿尔巴尼诺或格德约酒｜托罗酒｜赫雷斯产的阿蒙蒂亚雪莉酒
葡萄牙	波尔图庄园酒｜波尔图晚装酒｜杜奥红酒｜塞图巴尔麝香甜白葡萄酒
美国	加利福尼亚州出产的霞多丽、赤霞珠和仙粉黛酒｜俄勒冈州出产的黑皮诺酒
匈牙利	托卡依奥苏酒
意大利	巴罗罗酒｜布鲁奈罗－蒙塔希诺酒｜瓦坡里切拉－阿玛罗尼酒｜"超级托斯卡纳"酒｜利帕里－玛尔维萨
黎巴嫩	贝卡谷地酒
摩洛哥	阿特拉斯丘出产的葡萄酒
新西兰	长相思
瑞士	瓦莱出产的芬丹酒
乌拉圭	丹娜酒

20 怎样做一个专业的侍酒师？

如果你打算开一瓶葡萄酒给你的朋友品尝，那你可以找到合适的场景、合适的饮用温度，再配上最合适的玻璃酒杯，最大限度地发挥酒本身的价值。

从酒窖到餐桌要留心的事

假定你已经选好了酒，你可能以为只需要将葡萄酒瓶拿到餐桌上即可。但是，其中还有不少需要注意的事项。如果你选的是年轻的葡萄酒，饮用前几个小时，请将其直立放置在餐桌上或低温处。如果是老酒，尤其是那些有沉淀物的老酒，则必须放在架子上，保持平放的姿势，之后，你需要使用一个篮子来装酒。注意，千万不要在竖立起酒瓶的状态下开瓶。如果你很早就已经计划好这次用餐，那么你可以在用餐前几天就取出这些老酒，并一直保持瓶身直立，这样，沉淀物就有足够的时间沉到底部了。

不管是新酒还是老酒，葡萄酒最好还是在饮用前一小时打开，这样能避免香气过多地散失，也不用过分担心氧化问题，因为葡萄酒在与空气接触的时候，只有瓶颈顶端的那一小部分会产生氧化。

如何开瓶

开普通的葡萄酒

当你撕下瓶盖下方或上方的盖子后，请将瓶颈擦干净，再使用开瓶器。开瓶器的型号很多，既有简单的螺丝开瓶器，也有复杂型开瓶器，如 Screwpull 品牌开瓶器。

如果可能的话，选择一个长

怎 样 做 一 个 专 业 的 侍 酒 师 ？

侍酒师开瓶器

带金属片开瓶器

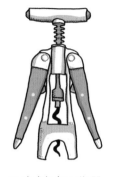

双臂式杠杆开瓶器

Screwpull品牌T型开瓶器

且宽的螺旋开瓶器，杠杆式开瓶器则是既方便又省力的选择。经典的侍酒师开瓶器仍然是最实用的，尤其是那种带有两个杠杆槽口的新型号。蜗杆螺丝开瓶器，也非常方便实用，只是有难以刺穿瓶盖的缺点。使用带金属片开瓶器开瓶时，需要手绕好大一圈。但是，绝对不要使用压缩气体开瓶器，因为这会污染葡萄酒。开一瓶老酒时，开瓶器是必不可少的。

"不论是年轻葡萄酒还
是老酒，葡萄酒都应该
在食用前一小时打开，
以免流失香气"

取下软木塞后，再次擦拭瓶颈，然后闻一闻与葡萄酒接触的那一面软木塞（被称为镜子），最好是闻不出软木塞的味道。

开香槟酒

开一瓶香槟是需要一些技巧的。你得先取下铁丝封口和金属或塑料瓶盖，然后一只手紧紧握住瓶塞，另一只手从酒瓶底部转动倾斜的酒瓶。之后按住酒塞，使气体缓慢逸出，这样才不会发生爆炸。

理想的饮酒温度

波尔多红葡萄酒：17～18℃。

勃艮第红葡萄酒：15～16℃。

单宁多的红葡萄酒（北罗纳河谷、西南、普罗旺斯、朗格多克等产区出产的酒）：16～18℃。

淡红葡萄酒（卢瓦尔河谷、萨伏瓦出产的酒）：14～16℃。

新酿白葡萄酒和桃红葡萄酒（格拉夫酒、夏布利顶级酒、梦拉榭酒）：12～14℃。

淡干白葡萄酒（两海之间酒、慕斯卡德酒）：10～12℃。

起泡酒：8～10℃。

甜葡萄酒：8～10℃。

天然甜白葡萄酒（麝香酒、里维萨尔特酒）：8～10℃。

天然甜红葡萄酒（班努列酒、莫里酒）：14～15℃。

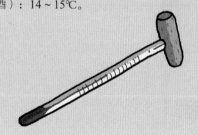

控制温度

要找到合适的饮酒温度，只能靠经验。不过，你可以注意以下几点，以免掉入陷阱。首先，直接上太冷的白葡萄酒或太热的红葡萄酒都是不对的。其次，上葡萄酒的时候，最好是在酒温比理想温度低2℃的时候端上桌。因为葡萄酒一倒进酒杯中，温度很快就会升起来。当然，你也可以把酒瓶放进一个装满水和冰块的桶里，这样，用餐全程都能喝到温度适宜的酒了。另外，你还可以通过在葡萄酒瓶颈处放置温度计来监控温度，或者选择一些专门为保持葡萄酒的合适温度而设计的葡萄酒酒柜。冰柜可以吗？最好还是忘了这个糟糕的方法！

选择合适的酒杯

玻璃酒杯一般能够释放葡萄酒的颜色和香气，并改善葡萄酒的口味。然而，事实并非总是如此。有色玻璃酒杯，就算只有杯脚是彩色的，也容易导致葡萄酒的色泽发生改变。酒杯杯口太大时，葡萄酒的香气会很快逸散开；而酒杯杯口太紧时，特别是专业人士使用的法国国家产地命名委员会设计的国际标准品酒杯，也不适合就餐时使用。

所以，你一定得知道如何区分用于品尝的酒杯和餐桌酒杯。喝起泡酒时，最好是使用高脚香槟酒杯，而不是浅口酒杯，这样才能确保持续上升的气泡出现。红葡萄酒要装在圆形的高脚杯中，而白葡萄酒要装在中号大小的玻璃酒杯中，水则可以装在最大的玻璃杯中。准备一个容量为280毫升的玻璃杯就足够了，因为你在喝酒时只需要倒半杯即可。玻璃酒杯使用过后，要用加了一点点肥皂的水清洗，再用清水充分冲洗。最后，请勿使用抹布擦干酒杯，直接把酒杯倒挂在通风的地方即可。

开了瓶的葡萄酒——尽情地喝吧！

一瓶葡萄酒开启后，你要把瓶塞塞紧（防止葡萄酒氧化），且冷藏保存，才能再多存放几天。而在葡萄酒酒吧，通常能把开启的葡萄酒放在几乎真空的环境里保存。有时候，葡萄酒会在开瓶后一到两天内给你惊喜，那时候的葡萄酒的口味会达到最佳状态。也就是说，在最初开瓶时，葡萄酒还没有达到饮用的最佳时期。

至于香槟，虽然民间流传了一些保存的方法（如将一把小勺子插入瓶口处），不过还是建议你开一瓶就喝完一瓶。因为就算是给香槟酒塞上一个特殊的酒塞，也只能保存几个小时。然而，天然甜酒、汝拉黄酒、赫雷斯雪利酒和波尔图红酒在开瓶后可以保存很长时间，因为开瓶后，这些酒在氧化作用下会继续发酵。

21 滗过的葡萄酒更好喝吗?

　　将葡萄酒倒入桌上的醒酒器里，它闪烁着的光看起来真不错。难道这就是醒酒器的主要功能吗?
当然不是。滗析葡萄酒是指将葡萄酒从酒瓶里转移到醒酒器里，以促进葡萄酒与空气接触，唤醒葡萄酒。
同时，滗析也可以将清澈的葡萄酒与可能出现的沉淀物分开。

红葡萄酒

新酒

对年轻的红葡萄酒来说，它和空气中的氧气接触后，会损失少量葡萄酒里的二氧化碳，并开始散发出易挥发的香气。通常，一瓶新酒会呈现未醒的状态，进而掩盖本身的果香，而空气则可以"刺激"芳香分子。然而，一瓶本身非常芳香的葡萄酒，却并不是因为与空气接触才变成这样的，且如果它过分地与空气接触，反而容易失去本身的馥郁。氧气会作用于葡萄酒中的单宁，使单宁慢慢减少，酒的涩味降低。所以，最好在饮酒的前两个小时，就开始为新酒醒酒。

很多非常古老而脆弱的老酒很容易氧化，继而失去本身的魅力。篮子倒酒器就是专门为这些老酒设计的，它可以保证我们在倒酒时一直保持葡萄酒瓶横躺的姿势。

老酒

对老酒而言，滗酒主要是为了把葡萄酒的清亮部分与沉淀物分开。但要注意，太过突然而猛烈地与空气接触后，产生的氧化作用对葡萄酒来说可能是致命的。因此，有必要按具体情况逐一进行，并且要充分了解葡萄酒的反应。篮子倒酒器可以很好地解决无法马上滗出老酒的问题。建议你在用餐的前一个小时就将老酒滗出，有的老酒过于脆弱，甚至可以在餐前几分钟滗出。

> "给老酒滗酒需要小心翼翼，极具耐心。"

白葡萄酒

陈酿酒

对于新酒，我们一般不建议滗出，因为这反而会导致酒挥发掉很多。很多白葡萄酒都是芳香型的，如雷司令酒和其他长相思酒，它们一旦离开瓶子，就会释放二氧化碳气体，诱发氧化。与之相反，陈酿的白葡萄酒因为是在酒桶中酿造的，所以滗析时反而会促进酒中分子的平衡，唤醒葡萄酒。你可以选择格拉夫酒、勃艮第名品霞多丽酒，甚至是卢瓦尔河谷的诗南酒、萨维涅尔酒和武弗雷酒来试一试。

甜酒

甜酒必须放在低温环境中，长时间与空气接触，才能被慢慢唤醒。与其他葡萄酒相比，甜酒酿造时释放的亚硫酸盐含量更高，因此，与空气接触能使其损失掉一些硫元素，从而避免引起敏感人群头痛的症状。

起泡酒

起泡酒是否需要滗析呢？这是值得讨论的。如果这瓶起泡酒本身果香味十足，那起泡作用就会有所减弱。所以，如果是名品起泡酒，你可以直接全瓶端上。而且，名品起泡酒模仿了一些古老的瓶身，设计出自己的豪华瓶身，放在餐桌上也是一道风景。如果是不太知名的起泡酒，那还是先滗在醒酒器里再端上餐桌吧。

典雅的滗酒姿势

给老酒滗酒需要小心翼翼，极具耐心。你要在光线充足的地方（例如普通的烛光前），透过瓶身，仔细地观察一下瓶中的葡萄酒（品酒师们称之为"透照"），然后轻轻地拿起酒瓶，把酒倒入醒酒器中。一旦发现瓶颈附近有沉淀物，就要马上停下来。

醒酒器

醒酒器的种类有很多，可以按材质、开口度和手柄的特点来分类，材质有玻璃和水晶之分；开口度有大有小，以此调节葡萄酒与空气的接触；有的醒酒器带手柄，有的则不带。醒酒器的设计不仅是为了美观，其特点也是有一定功用的：底部宽大的醒酒器（也被叫作"一代醒酒器"）适合唤醒年轻的红葡萄酒中的香气，醒酒器那长长的脖子可以防止香气过快地挥发掉；侧卧鸭型醒酒器则适合很多种类的葡萄酒，尤其是单宁丰富的葡萄酒。醒酒器使用过后，需要用热水清洁，然后倒置于空气流通处自然风干。

什么时候开始滗析？

滗析葡萄酒时需要一点儿技巧：请提前开启酒瓶，倒几滴在醒酒器的玻璃球盖上，并重新塞上瓶塞；闻一闻倒出的葡萄酒，然后隔一小时后再闻一次，直到酒的气味变好时才可以开始倒酒。你也可以把你的感受轨迹记录在酒窖的小册子里。

22 软木塞闻起来是什么味儿?

软木塞的气味闻起来就像发霉了一样，如果这种异味传到葡萄酒里，那将成为葡萄酒爱好者们的噩梦。不过，这种情况并不常见，普通葡萄酒中只有 1/15 的概率，而名品葡萄酒的概率会降到 1/40，因为这些酒的软木塞都是经过精挑细选的。

"五味杂陈"的软木塞

有时软木塞也可能带有好几种气味。除了它本身的气味，软木塞还能在贮藏酒的房间里，吸收进房间的气味。这种掺杂的气味可能通过软木塞上的灰尘传到酒中，或者在软木塞被刺穿的时候传入。我们喝酒时说的软木塞味，是指或发霉、或泥土、或青苔、或腐烂的叶子的气味。

臭味袭击

软木塞的气味是从哪里来的？当微生物攻击氯化合物时，会产生臭味的分子——三氯乙酸，这时候就会产生异味。那这些氯化合物又从何而来？在清洗软木塞的产品中，在处理原材料木材时所使用的产品中，在仓储时使用的托盘中，都含有氯化物。有项研究就在致力于通过处理一种临界状态的二氧化碳，来消除三氯乙酸，减少软木塞的缺陷。

当软木塞的异味传到葡萄酒中时，我们能首先发现的症状是：葡萄酒本身的果实气味被真菌和霉菌，有时还有潮湿的土壤、腐殖质和苔藓的气味掩盖了。只要我们喝上一口，立马就能证实这一诊断。这类酒不仅会散发这些异味，而且酒体过于干燥。一般来说，即使是葡萄酒与空气接触后，也不能消除这些异味，甚至会更加强烈。在你购买葡萄酒时，如果遇到不良的葡萄酒生产商或葡萄酒商人，他们可能不大乐意帮你更换掉有缺陷的葡萄酒。

虚假的软木塞味

有些香气闻起来像软木塞的气味，然而并不是。这或许是酿酒时使用了旧的酒桶，或者酒瓶清洗不当，或用了质量不合格的纸张来过滤葡萄酒，或酿造场所受到腐蚀，或酒窖卫生条件不合格等问题造成的。

但是，这种虚假的软木塞异味虽然遮盖了葡萄酒原有的香气，却也不会有明显的软木塞气味。我们能感受到的是，酒瓶里的酒似乎封闭完好，可是芳香度降低了，尤其是果香味减少了。这种情况下，只有再品尝一瓶酒才能消除疑虑。

23 如何调动所有感官来品酒？

　　品酒要分好几步进行，在这个过程中，葡萄酒会唤醒你所有的感官：先观察葡萄酒的颜色，再闻一闻葡萄酒的香气，之后再品品葡萄酒的味道。不仅如此，听觉和触觉在品尝葡萄酒时也用得上，比如喝酒前，难道你不会听听起泡酒的"低语"吗？当天鹅绒般丝滑的葡萄酒滑入口中时，你的上颚会无动于衷吗？

观色

　　一杯葡萄酒，就算是简单地瞥一眼，也很有启发性。因为你可以欣赏葡萄酒颜色的密度，从而判断葡萄酒本身的浓度。而且葡萄酒的颜色通常能反映出葡萄酒的年龄，因为随着时间的流逝，葡萄酒颜色中的蓝色成分会逐渐出现些许橙色。

色泽

　　如果葡萄酒的颜色有光泽而且透明，则证明葡萄酒的酿造过程很精细，装瓶前还经过了过滤。轻轻晃动酒杯，你还可以看到葡萄酒挂杯。不过，你要注意区分红酒本身的颜色，以及红酒在贴近杯壁时反射出的颜色。白葡萄酒可以在绿色的反射下，显示出稻草色；红酒则可以在紫色的反射下，显示出珊瑚红。

闻香

初闻和二闻

初闻和二闻，是什么意思呢？这其实是指品酒者在前后两个阶段从葡萄酒里闻到的香气。在酒杯里倒入 1/3 的酒，不要晃动酒杯，慢慢把酒杯靠近鼻子，你就能闻到初次的香味，通常这也是最易挥发的香气；然后，再轻轻摇晃酒杯，第二次闻到香气。这是葡萄酒和空气接触后产生的气味，是一种更微妙和复杂的香气。

预备进入品酒的状态

就算你不想进行特别专业的品酒步骤，也必须遵循一些品酒规则。首先，饭后不宜品酒，吸烟后也别品酒，因为那时你的味蕾已经饱和了。一天中，最佳的品酒时间是上午 10～12 点，以及晚上 6～8 点。其次，你可以先吃几片面包作为零食，然后再喝点儿水，因为奶酪会掩盖掉葡萄酒本身的缺陷。品酒前需要穿衣打扮吗？当然不必，淡香水和口红都不利于品酒。不过，你需要保持良好的状态，太疲倦或者感冒都会影响你的感官。再次，品酒前请选择一个标准的酒杯，握住杯脚，以免酒杯与手接触时影响酒的温度。品酒也并非一定要喝很多种类的酒，你只需要比较两种葡萄酒就够了，也不要大口吞咽，以免失去判断力！最后，请记得在桌上放一个漱口的容器。

草木香

香气一直以来都是尖端科学研究的主题，不过，品酒师们根据在自然世界里的感受，对香气种类做了一个易懂的分类。按照类比方式，草木香自然能让人联想到绿色植物（青草、黄杨木、常春藤、蕨类和胡椒）、风干植物（茶、烟草、药剂、枯叶和灌木丛），以及芳香植物（百里香、薄荷和茴香），还有菇类（松露）。

绿色植物

风干植物

芳香植物

花香和果香

在花香家族里，品酒师可以区分鲜花香（玫瑰、铃兰、金合欢、紫罗兰、鸢尾、希瑟、金雀花）和干花香。在果香家族里，品酒师则要努力区分新鲜水果和煮熟的水果，并区分红色水果（樱桃、草莓、覆盆子、红浆果）、黑色水果（黑醋栗、蓝莓、黑莓）、白色水果（桃、苹果、梨）、黄色水果（杏）和核果（李子、西梅）的果香，还有柑橘类水果（西柚、柠檬、橙子）、异域水果（荔枝、杧果、菠萝）和干果（榛子、杏仁和核桃），它们的香气各不相同。

鲜花

干花

红色水果和黑色水果

白色水果和黄色水果

柑橘类水果和异域水果

干果

煮熟的水果和果酱

其他香味

有些白葡萄酒还有矿物质香气，如化石、石油、石墨、白垩石的气味；还有一些葡萄酒会散发出辛辣的香气，如香草、肉桂、胡椒、丁香的气味；也有一些葡萄酒，尤其是甜葡萄酒，会散发出糖果的香气，如蜂蜜、杏仁酱、蜂蜡、果仁糖的气味。在酒桶里陈酿的葡萄酒通常会留下木香，如橡木、雪松、松木、树脂、桉树，以及

焦香，如烘烤烟、烟草、咖啡、巧克力、烤面包的气味。如果说新酒会散发出酵香，如酵母、面包屑、奶油蛋卷、黄油和英式糖果的气味，那么达到口味顶峰的老酒则以肉汁、皮革、野兔的动物香气为主。不过，如果你闻到了化学物质香气，如硫、碘、臭鸡蛋、胶水的气味，那说明葡萄酒已经变质了。

矿物质香

糖果香

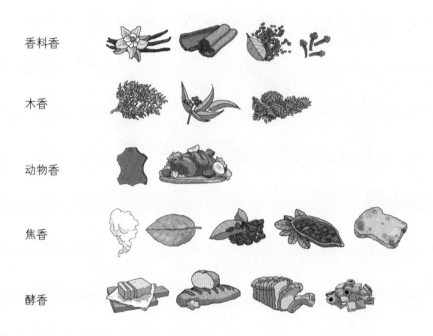

香料香

木香

动物香

焦香

酵香

品尝

　　传统公认的四种基本味道是酸、甜、苦和咸。这四种味道也存在于葡萄酒中，尽管咸味只出现在少数稀有的葡萄酒中，例如赫雷斯雪利酒、曼萨尼亚酒。品酒者要评估这几种味道的强度和彼此的协调方式。我们每个人对味道或多或少都比较敏感，敏感度取决于我们自己的感知阈值。酒的口感（酒入口时产生的印象）不仅包括味道，还包括酒通过上颚与鼻腔之间的通道时所感知的香气，以及酒中的单宁含量赋予的对酒的触感。这种感觉有时像丝绸或天鹅绒一般丝滑，有时比较粗糙、有颗粒感。每种来自特定风土产区的葡萄酒，都具有自己典型的酒体平衡和芳香特性。

尝酒三调

前调 尝酒的过程可以分为三个阶段。葡萄酒入口时的第一印象被称为"前调"。葡萄酒刚入口时的表现，不管多么虚弱浅淡，都是真实的感受。前调之后才能感受柔和感，以及或甜或酸的味道。

中调 尝酒的核心是中调，这个阶段的葡萄酒真正显示出自己的平衡，展现出自己的"身体"——或轻盈、苗条，或结构严谨、紧密，或油腻。

后调 吞下一口或吐出一口葡萄酒后，品尝者会在酒中感觉到单宁，或多或少有点儿苦涩，尤其是香气还很持久时。这段芳香的持续时间有个专门的计量单位——"尾部"。一个尾部相当于一秒钟，名品葡萄酒在后调期间能持续十尾，就像是"孔雀的尾巴"一样美丽。一瓶优质的葡萄酒，在口中品尝的前、中、后调，都会给人强烈的感觉。

24 如何练习品酒?

我们可以先去阅读专家的品酒评论,当你看到评论语"酒的色泽是纯正的宝石红"时,相信你是能够理解的,而当你看到"前调馥郁,口感细腻,单宁赋予了圆润感,唇齿留香,充满肉桂和成熟水果的香气"之类的评论时,如果觉得这句话过于复杂,则说明你已经跟不上了。品酒也是需要训练的。如果你能和朋友一起训练,那就没有什么克服不了的,这种训练一定会充满乐趣。

各种口味练习

我们需要自我评价一下,确认自己在味觉感知方面的优势和劣势在哪里。比如,在一杯纯净水里加入糖、酒石酸、酒精、盐,以及酿酒用的单宁或奎宁(有苦味),混合溶解,然后再品尝。之后,往杯子里不断加水稀释,直到你尝不出味道,也就是达到你的味觉临界点为止。然后,尝一尝混合了两种口味的溶液,区分并研究这两种口味之间的互动。例如,酸味能让单宁更强烈,而甜味则能消除苦味。最后,将这些同一种口味的溶液倒入一瓶普通的葡萄酒中,或者往里面添加酸、糖、甘油、人造香料甚至是醋,各种口味练习都可以,总之,就是为了让你学会如何识别挥发性酸度。

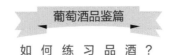
尝试一些差别很大的葡萄酒

试着比较一下两种差别特别大的葡萄酒：一瓶非常酸的葡萄酒，例如朱朗松干白酒，和一瓶略带酸味的葡萄酒，例如朗格多克-克莱雷酒。这样，你就可以建立起一个自己的参考等级。如果你想要感知单宁的话，可以选一瓶马迪郎酒和一瓶薄若莱红葡萄酒来进行对比，很快你就能掌握两者的区别。

对比品尝，记住葡萄酒的口味

品尝各种葡萄酒，可以帮助你记住各种葡萄酒的特征。你还可以品尝由相同葡萄品种酿造，但葡萄生长土壤或是生长气候条件天差地别的葡萄酒，以此来提高你的感官敏感度。总之，你可以尽情地寻找各个产区最有代表性的葡萄酒，不过要尽可能避免带木香的葡萄酒。这样，慢慢地，你对葡萄酒口味的记忆就会越来越丰富。

夏布利出产的霞多丽葡萄酒的香气

朗格多克出产的霞多丽葡萄酒的香气

香气定位

因为你的嗅觉记忆是转瞬即逝的，所以，为了延长记忆时间，有必要时刻关注你周围的环境。当你发现我们的世界已经变得相当无味时，就千万不要错过任何机会，如花园、花店、蔬菜水果店、肉店、木匠屋，这些地方都可以给我们新的芳香记忆，或者你还可以去森林或田野里散步，闻一闻，并记住其中的气味。另外，我们也可以使用香气盒来训练自己，即便如此，大自然永远是无法替代的。因为如果你闻到过多的合成分子，则可能会失去与现实的联系，而只能使用人工香料作为参考。如果你喜欢香水，倒是可以尝试多闻闻香水，看看自己能否不看标签就能识别出来。

极少数经验丰富、品味斐然的品酒师才能够成功。如果你想在和朋友品酒时试试，那可千万要聪明点儿，当个灵敏的"猎犬"！你经过主人家的厨房时，或许主人正想开一瓶酒。在盲测之前，你要了解主人的口味、他家的酒窖、他的段位，确认他是个葡萄酒狂热爱好者，还是一个不按常理出牌的葡萄酒猎奇者，然后还要听听他讲述自己最近一次去葡萄园参观的经历……这样，盲测才会更有胜算。

如何盲测识香

如果只能识别出所知道的香气，那在根本不知道产地的情况下盲猜葡萄酒，对专家的声誉来说就是一项高风险的活动，只有

评分册

　　你可以把自己每次品酒后的结果，记录到酒窖账本或单独的笔记本里。使用评分册做记录很重要，就算是专业的品酒师，也有自己早早准备好的详细文件，这能为他提供一条主线。他们会记录下葡萄酒在视觉、嗅觉、味觉等方面给自己留下的印象，然后对葡萄酒整体的和谐感做一个综述，再对葡萄酒进行分级，以建立一个质量等级表。你也可以按照他们的示例，或者就葡萄酒和美食的搭配，添加你的个人评价。另外，别忘了加上和你一起品酒的朋友的名字。

和朋友一起练习品酒才有趣

　　千万不要成为一个可怜的孤独的品尝者，和朋友一起小组学习品酒吧。这不仅可以让你在与他人进行比较的时候评估自己的优缺点，而且和朋友一起品尝，练习才会变得有趣。一些品酒俱乐部会把一些葡萄酒爱好者们聚集在一起，并邀请演讲家、葡萄酒生产商开展讲座，或者组织打假、一起团购葡萄酒。你可以去那里交一些志同道合的朋友，让品酒变得不再孤单。

如何搭配菜肴和葡萄酒？

到底是先选菜肴，再选葡萄酒，还是先选葡萄酒，再选择菜肴呢？

传统的方法是先选菜，但如果先选酒的话，你可以更精确地找到合适的菜肴。当你选择的酒和菜肴达到美食的和谐时，就能称得上大厨了。其实只要牢记一些基本的搭配原则，这是不难做到的。

味道的平衡

告诉我你点什么菜，我就告诉你该配什么酒

不管你是在普通餐厅就餐，还是在别人家里就餐，在点完菜之后，侍酒师或主人都会尝试为每道菜找到完美搭配的葡萄酒。当然，有时候这个还真伤脑筋，尤其是在家里，你的酒窖里不一定总能找到合适的葡萄酒。因为你不仅需要找到与菜肴搭配的葡萄酒，还需要这瓶酒陈酿最佳的年份，而且得了解葡萄酒和调料（酱汁、香料等）的适配性。当然，你也可以偷懒，直接听从美食作品或当地美食指南提供的搭配建议。但是相信你还是愿意自己去发现，因为当代美食喜欢在口味上做文章，各种搭配更是层出不穷，让人眼花缭乱，你根本看不过来！

告诉我你喝什么酒，我就告诉你该配什么菜

这是最合逻辑的方法。的确，如果很了解要喝的葡萄酒，你可以直接准备与之相配的菜肴，再加点儿能更好地激发食材风味的配料。例如，一瓶卡奥尔老酒或波美侯酒搭配松露时，如果加一点儿大蒜的话，能使菜肴芳香四溢。你还可以想象一下，在用餐过程中，饮用的葡萄酒不断发生变化——从口味柔和到口味强烈，那么搭配的菜肴也可以遵循同样的趋势。假设你找到了已经陈酿最佳的 1990 年的李其堡老酒，当你笑容满面地拿出来并打算今天就喝掉它时，发现你家并没有菜肴可以搭配，该怎么办？一般来说，越是金贵的葡萄酒，越是只需要搭配简单的菜肴就好。

如 何 搭 配 菜 肴 和 葡 萄 酒 ？

一种酒可以找到各种搭配的菜

如果有的酒实在是很难找到完美的搭配，那么可以只选择一种酒来搭配用餐，通常人们会选桃红葡萄酒或淡红葡萄酒。如今，在餐饮界，品尝新鲜的淡红葡萄酒已经成了时尚，这种方法简化、克服了美食搭配的难题。不过，如果你也选择了这种独特的葡萄酒搭配方案，仍要三思而后行：最好是先点一瓶葡萄酒，并尝试着围绕这瓶葡萄酒的口味来点菜，而不是从头盘到甜品只喝同一瓶酒，根本不管口味的协调与否。比如说，你点了香醋、芦笋，或者特别甜的甜点，那就太难和葡萄酒搭配了，肯定会让你大失所望。其实，围绕一种葡萄酒点的菜，种类可以多种多样，而且非常诱人。下面的方框给你提供了一些可供参考的建议。

点一瓶酒可以搭配的菜

如果点一瓶波尔多产的梅多克特级酒，建议菜单是：

一锅樱桃鸭肉

奶香烤羊肉配蘑菇

莫城布里奶酪

巧克力夹心蛋糕

如果点一瓶都兰产的布尔格伊酒，建议菜单是：

一盘熟肉

红酒牛排

萨伏瓦干酪

红浆水果派

如果点一瓶普罗旺斯产的桃红葡萄酒，建议菜单是：

煎绯鲤片，配海鲜汤酱

一盘茄子羊肉

比考顿奶酪配橄榄油和香草

鱼汤

如果点一瓶罗纳河谷产的埃米塔日白葡萄酒，建议菜单是：

清煮鳌虾

布雷斯奶油鸡

查尔斯奶酪

香草冰激凌

如果点一瓶香槟酒（黑中白混酿香槟），建议菜单是：

烟熏三文鱼

油煎大菱鲆

康库瓦约特奶酪

漂浮岛甜点

如何搭配菜肴和葡萄酒？

喝葡萄酒要循序渐进

所点的葡萄酒要循序渐进，从最淡的酒到最浓烈的酒，以免让客人的口感过早"审美疲劳"。因此，一开始用餐就上一瓶苏玳贵腐酒就不太合适，苏玳酒最好还是作为肥鹅肝的理想伴侣出现为好。总的来说，通用的原则是：先上白葡萄酒，再上红葡萄酒；先上新酒，再上老酒；先上淡酒，再上单宁多的浓酒；先上冰镇酒，再上室温酒。另外还要注意，喝酒前最好先上一盘原汁清汤漱漱口，为即将到来的葡萄酒做准备。

异域菜肴可以搭配什么酒

如果你品尝的是异域美食和甜咸美食，在这种高风险的美食搭配下，我们可以挑选哪种葡萄酒呢？是一瓶冰镇桃红葡萄酒，还是一瓶冰冷的红葡萄酒呢？各类餐厅采用的方法是选甜葡萄酒或利口酒，如苏玳、朱朗松或卢瓦尔河谷产的葡萄酒，这些酒能成为异域美食的完美搭配，而且不会破坏食物本来的风味。

选择什么开胃酒

开胃酒一般指茴香酒、白兰地和苦艾酒，建议你最好还是别喝，因为它可能会让你的味蕾变得杂乱无章，妨碍你品尝和菜肴一起搭配的葡萄酒。不过，用餐前，你可以喝点儿活泼清淡的芳香葡萄酒，或者是起泡酒、甜酒、利口甜酒。

开胃酒配搭的美味零食

如果一定要喝开胃酒，那你得知道喝酒之前该选择什么零食。花生、开心果、腰果让人满口留香，但卡路里极高，那些人造的小饼干就更别提了，它们丰富不了你的味蕾。不过只要食材精美，就算你不是大厨，也能找到特别适合的开胃菜，如橄榄、鹅肝吐司、褐虾、压制奶酪块等。

起泡酒

和朋友一起围坐在餐桌旁时，没什么比一瓶起泡酒更受欢迎的了。你可以选择一瓶淡雅、清香的白中白香槟（由单一霞多丽酿造而成），相信好友们尚未开发的上颚能瞬间捕捉到所有细微的差别。如果你的预算有限，那就直接选一瓶阿尔萨斯、勃艮第、卢瓦尔谷的克雷芒酒、或索米尔酒、布兰克特酒，又或者是利穆产的克雷芒酒，迪城产的克莱雷特酒，或圣·佩雷酒、塞勒塞酒、加亚克起泡酒。你也可以选择来自欧洲其他产区的起泡酒，比如意大利产的普罗赛克酒、弗朗西奥科塔酒、阿斯蒂的起泡酒，或是西班牙加泰罗尼亚产的卡瓦酒。

甜葡萄酒

如果是选甜葡萄酒的话，那千万别选过甜的葡萄酒，而且你最好是先尝一尝再决定，因为酒标上并不会标注出来。如果是天然甜葡萄酒的话，你可以选择武弗雷酒、上卢瓦尔－蒙特路易斯酒、莱昂丘酒、加亚克甜酒、德国晚摘雷司令酒、阿尔萨斯晚摘酒。如果你想点一瓶利口葡萄酒的话，可以选择苏玳贵腐酒、巴尔萨克酒、朱朗松酒、卡尔－德－绍姆酒、邦尼舒酒、德

国逐粒采摘葡萄酒、冰酒、瓦坡里切拉·雷乔托酒等，并且从头盘开始就要上酒，因为酒的糖分会侵入口中。

天然甜葡萄酒和利口酒

这些酒和甜葡萄酒一样，是有甜味的酒，甚至会在口中来个甜蜜暴击！推荐的天然甜葡萄酒和利口酒有：班努列酒、莫里酒、里韦萨尔特酒、拉斯托酒、夏朗德皮诺酒、加斯科－福

如 何 搭 配 菜 肴 和 葡 萄 酒 ？

乐克酒、波尔图酒、马德拉酒、马尔萨拉酒和赫雷斯雪利酒，或者也可以选择芳香、细腻的麝香酒。当你大大方方地拿出这些酒时，肯定会大受赞扬的。

干白葡萄酒

在瑞士，作为开胃酒，人们通常会选择芬丹酒（由莎斯拉葡萄酿造而成），或喝一瓶淡口干白葡萄酒也挺好的。但如果你的开胃酒是一瓶麝香葡萄酒，或者沙龙－梅内图酒的话，可以在这之后，开一瓶桑塞尔酒来搭配油煎梭鱼。因为它们可算是完美的开胃酒，完全不会影响后面品尝美味佳肴的口味。当然，选择桑塞尔酒作为开胃酒，并在正餐时搭配油煎梭鱼也是不错的。

吃头盘菜时该喝什么酒

头盘菜时选的葡萄酒能为全餐定下基调。为避免点餐过多，有时候，最好还是沿用你点的开胃酒，然后优先选择清淡的果味葡萄酒来搭配头盘菜。

你所点的头盘菜不同，搭配优选的葡萄酒自然也不同。

汤

这时候，不一定要点一瓶葡萄酒，但是如果你点的是佐以波尔图葡萄酒或马德拉葡萄酒的清瞧肉汤，则可以上一瓶同样品牌的葡萄酒。不过，之后端上的葡萄酒就要注意了！对于那些特别浓郁的汤，比如带有碎肉的猪油鹅肉卷心菜浓汤，你可以点一瓶淡红葡萄酒，如贝阿恩酒、布尔格伊酒、萨伏瓦产的佳美酒或阿尔萨斯产的黑皮诺酒。那如果是鱼汤呢？如果是略微辛辣的鱼汤，可选有干果味的白葡萄酒；如果是马赛鱼汤，可选浓郁的桃红葡萄酒。

鸡蛋

鸡蛋这么经典的菜，一般很难找到合适的葡萄酒来搭配，因为鸡蛋会改变葡萄酒的口味。不过，如果是带壳煮的溏心蛋，可以尝试一瓶淡白葡萄酒；如果是焗蛋，可以尝试一瓶更浓郁的白葡萄酒；如果是红酒沙司蛋，则可以尝试搭配一瓶和酱汁一样的淡红葡萄酒。

芦笋

选一瓶与芦笋搭配的葡萄酒几乎是不可能的任务，因为芦笋会杀死葡萄酒！只有产自阿尔

如 何 搭 配 菜 肴 和 葡 萄 酒 ？

萨斯和鲁西永的麝香干白葡萄酒，或者淡甜葡萄酒才能抵抗芦笋，你可以试一试。

鱼肉冷盘

如果是鱼肉沙拉的话，可以搭配干果味白葡萄酒，比如桑塞尔酒、萨伏瓦出产的葡萄酒、阿尔萨斯出产的麝香酒、西万尼酒或雷司令酒、西班牙加利西亚出产的阿尔巴尼诺酒，这些酒都很适合。如果是烟熏鱼的话，那葡萄酒的选择就要谨慎了，你可以选择一瓶醇厚的干白葡萄酒，比如产自伯恩丘的勃艮第葡萄酒，或教皇新堡葡萄酒，但搭配不佳也是有可能的。你也可以选一瓶甜葡萄酒，比如加亚克出产的酒，或莱昂丘出产的酒。不过，和鱼肉沙拉最匹配的还是无色蒸馏酒，比如杜松子酒、伏特加或阿夸维特酒。

熟肉拼盘

如果你选择一瓶干白葡萄酒来搭配熟肉，那只会更加突出菜里的油脂。所以，如果点的是咸味的火腿或香肠，那还是选一瓶水果味十足的桃红葡萄酒吧。薄若莱新酒、汝拉红酒、阿尔萨斯黑皮诺酒、勃艮第高丘出产的葡萄酒、卢瓦尔河谷或普瓦图出产的红葡萄酒都是不错的选择。

如果点的是干火腿或烟熏鸭胸肉，那可以选择比泽酒、马迪郎酒或伊胡蕾桂酒。注意，千万不要搭配腌黄瓜！

肥鹅肝

吃肥鹅肝的话，搭配一瓶单宁红葡萄酒，刚好可以抵消酒中的涩味。比如梅多克酒、圣埃美隆酒、格雷夫酒或卡奥尔酒、马迪郎酒、佩沙芒酒，这些都是不错的选择。另外，你也可以选择甜葡萄酒，比如苏玳酒、蒙巴兹拉克酒、阿尔萨斯贵腐精选酒，以及德国逐粒精选酒、托卡伊酒，酒里的甜度可以抵消鹅肝里的苦

味。那最佳选择是什么呢？是一些酸度高的甜葡萄酒，比如朱朗松酒、莱昂丘酒，因为这些酒中的甜度既能够平衡肥鹅肝里的苦涩，又能缓解人对鹅肝的高脂肪产生的紧张感。

蔬菜沙拉

喝水就行！除非沙拉的酱汁需要搭配葡萄酒。比如，酱汁里加了奶油、芥末、香醋、柠檬、橄榄油或香草时，可以搭配一瓶干果味的白葡萄酒，或是一瓶鲜桃红葡萄酒。如果是配有熟肉的沙拉，比如里昂沙拉，就需要搭配一瓶淡红葡萄酒，比如薄若莱新酒、波尔多新酒或卢瓦尔河谷红酒。

吃海鲜时喝什么酒？

通常，吃鱼、海鲜或者甲壳、贝类时，要搭配白葡萄酒。但是，有些酱汁还可以搭配桃红葡萄酒或淡红葡萄酒。或者你也可以发挥想象，来一点儿新奇的搭配。

牡蛎和其他贝类

牡蛎和其他贝类中的碘，能够消除葡萄酒

中的果味。贝隆河产的牡蛎，碘含量低，能和夏布利酒完美搭配。其他地区的牡蛎，则可以搭配活泼的果味葡萄酒，比如来自卢瓦尔河谷的麝香葡萄酒、长相思葡萄酒，朱朗松干白葡萄酒，杜拉斯酒，贝普狄－宾纳酒，阿尔萨斯产的雷司令干白葡萄酒，葡萄牙产的青酒，西班牙加利西亚产的下海湾酒。如果是阿尔卡雄牡蛎，且搭配传统的香肠食用，那最好选择波尔多红酒。一切努力都是为了口味呀！

搭配一盘海鲜时，你可以大胆尝试浓烈的白葡萄酒，比如罗纳河谷酒、朗格多克酒、勃艮第酒，甚至是香槟，因为香槟与螃蟹、配蛋黄酱的龙虾都特别搭。如果是煮熟的贝类，则最好选一瓶特别干的白葡萄酒。但是，如果菜肴里加了香料（比如咖喱海虹），那还是选择桃红葡萄酒吧。

虾蟹类

如果是蛋黄酱虾蟹冷盘，那就推荐一瓶专门和海鲜拼盘搭配的葡萄酒。如果是奶油虾蟹冷盘，可以选择一瓶勃艮第酒、孔得里约酒，或普罗旺斯丘产的白葡萄酒、朗格多克酒，又或加亚克酒。如果是火烧虾蟹，配有美洲辣酱，可以搭配一瓶浓郁的白葡萄酒，如罗纳河谷酒、朗格多克酒，或美国加利福尼亚州产的佩内德斯酒，或霞多丽酒。另外，一瓶邦多勒产的桃红葡萄酒（慕合怀特品种酿造）也是理想的选择。

烤鱼

这要根据烤鱼的油脂多少来选择，油脂少的鱼可以搭配干果味葡萄酒一起食用，比如阿尔萨斯产或德国产的晚摘雷司令酒、夏布利酒、格雷夫酒、朱朗松干白葡萄酒、桑塞尔酒，新西兰产的长相思酒，西班牙加利西亚产的阿尔巴尼诺酒、鲁埃达酒，瑞士产的德扎里酒以及弗留利或科利奥产葡萄酒。而油脂多的鱼，就需要更浓郁的葡萄酒了，比如孔德里约酒、勃艮第酒、汝拉丘酒、罗纳河谷酒、朗格多克酒、鲁西永丘酒，

来自美国加利福尼亚州或智利的霞多丽酒，西班牙产的里奥哈酒和佩内德斯酒，意大利产的弗拉斯卡蒂酒，以及西西里产的葡萄酒。如果鱼是油炸过的，则需要更浓烈的葡萄酒，比如普罗旺斯丘的白葡萄酒或桃红葡萄酒，或调色板酒、阿尔萨斯产的灰皮诺酒、卡悉酒、萨伏瓦酒、西格纳－贝格隆酒、纳瓦拉酒、弗朗恰柯达酒。如果富含矿物质的鱼肉里加入了柠檬汁，那就需要一瓶雷司令酒。

酱烧鱼

酱烧鱼所使用的酱不同，适合搭配的酒也就不同。如果鱼肉搭配的是奶油酱，那么一瓶优质的多年陈酿白葡萄酒是最好的选择，比如埃尔米塔日酒、科通－查理曼酒、莫尔索酒或普利尼－蒙特拉切特酒，以及阿尔萨斯出产的灰皮诺酒、萨韦涅尔酒、教皇新堡酒，和稍微上了年纪的香槟酒。如果鱼肉搭配的是辛辣的酱汁，那么一瓶浓郁的白葡萄酒，或是一瓶果味十足的桃红葡萄酒就可以了，比如卡悉酒、普罗旺斯丘酒、巴特

如 何 搭 配 菜 肴 和 葡 萄 酒 ？

摩尼酒、索阿维酒、里奥哈白葡萄酒、纳瓦拉桃红葡萄酒。如果酱汁本身就配有红酒，那就点一瓶相同的红酒就好。适合波尔多红酒鳗鱼饭的很少，可以选择搭配圣埃美隆酒或格拉夫酒。不过，如果搭配来自意大利科利奥产的或者瑞士提契诺州产的梅洛酒，那这盘地道的菜肴就能平添异国风味了。

配肉时喝什么酒？

葡萄酒与肉类搭配时，请先消除这样一个误解：白葡萄酒要配白肉和其他肉，红葡萄酒要配红肉。其实，这全都取决于你做菜的方式，即你所用的香料和烹饪方法。

禽肉类

禽肉类也分白肉（火鸡肉、鸡肉）和红肉（鸭肉）。对于烤炙的白肉来说，要选择浓郁的白葡萄酒搭配，比如罗纳河谷酒、佩萨克－雷奥良酒、勃艮第酒、阿尔萨斯产的黑皮诺酒、教皇新堡酒，而且，普罗旺斯或科西嘉岛出产的白葡萄酒能够彰显白肉的细腻。至于红肉，直接选择红葡萄酒就好，比如：卡奥尔酒、弗朗顿酒、罗纳河谷酒、

薄若莱新酒、阿尔萨斯产的黑皮诺酒、希农酒、布尔格伊酒、经典基安帝酒、巴尔多利诺酒、里奥哈·乔芬酒、多奥酒。除了红葡萄酒，有些白葡萄酒，如琼瑶浆或者利奥拉酒，也很适合搭配。如果是烤鸭胸肉的话，可以选择马迪朗酒、梅多克酒，或者邦多勒的桃红葡萄酒。而对于有奶油酱汁的禽肉，最好搭配一瓶浓郁的葡萄酒，比如伯恩丘产的勃艮第佳酿、埃尔米塔日酒、浓郁的香槟酒或小茴香酒。

如果酱汁里还加了松露，那你就要贡献自己压箱底的陈酿葡萄酒了，因为陈酿葡萄酒的香气能让人联想起蘑菇。陈酿白葡萄酒可选埃尔米塔日酒、朱朗松干白葡萄酒，陈酿红葡萄酒，可选波美侯酒、智利出产的卡奥尔酒，或是瑞士提契诺州、美国加利福尼亚州出产的梅洛酒，或科特罗蒂酒、圣－约瑟夫酒、澳大利亚出产的西拉酒。如果禽肉本来就是用白葡萄酒或红葡萄酒烹制的，那就选择烹饪时用的葡萄酒。至于珍珠鸡肉或鸽子肉，这类野味要选择合适的葡萄酒，还得参考野味实用指南的建议。

白肉

和禽肉搭配的葡萄酒，也可以与白肉搭配

如何搭配菜肴和葡萄酒？

食用。但是，一定要选择更浓郁的葡萄酒。小牛肉需要配浓郁的白葡萄酒，比如：勃艮第酒、桑塞尔酒、佩萨克－雷奥良酒、教皇新堡酒、阿尔萨斯产的白皮诺酒、马孔村庄酒。醇厚的桃红葡萄酒也很合适，比如黎赛桃红葡萄酒或马沙内酒、邦多勒酒和朗格多克酒。如果一定要选红葡萄酒的话，建议选择一些淡的、单宁少的红酒，比如薄若莱新酒、卢瓦尔河谷产的赤霞珠酒，或勃艮第产的夏洛耐兹丘酒、萨伏瓦酒、波尔多名酒。

葡萄酒的选择，一定要和烹饪方式搭配。如果是佐以含番茄酱的小牛肉，那么搭配一瓶地中海酒、基安帝酒、瓦尔波利切拉酒或里奥哈新酒，能增添菜肴的拉丁风味。当然，你还可以尝试一瓶桃红香槟酒。如果是油脂多的猪肉，则需要一瓶活泼的葡萄酒来消解。白葡萄酒中，可以

选朱朗松干白或阿尔萨斯雷司令酒；红葡萄酒中，可以选萨伏瓦的佳美酒或经典基安帝。如果只是菜肴里有猪肉的话，那就要选择单宁更多的葡萄酒，比如卡奥尔酒、马迪郎酒或科比埃尔酒。如果要搭配烤香肠，你可以毫不犹豫地选择一瓶像夏布利酒那样鲜活的白葡萄酒，或者一瓶薄若莱名品红葡萄酒。

至于精致的小牛胸腺肉，则需要一瓶高档白葡萄酒来搭配，比如普利尼－蒙特拉奇酒、萨韦尼埃酒、伏弗莱干白酒或埃尔米塔日酒。如果是腰子，则需要更浓郁的红酒搭配，比如梅多克酒、夜丘村庄酒、波美侯酒、巴罗洛酒或者杜埃罗河岸酒。至于那些异域菜，可以试试澳大利亚产的西拉酒，或来自南非的梅洛酒，甚至是来自阿根廷的马尔贝克酒。

红肉

红肉中的蛋白质与红酒中的单宁是能够很好地融合在一起。烤炙的还带血丝的红肉，可以搭配单宁浓郁的红酒，比如梅多克产区的波雅克酒、圣－朱利安酒、玛歌酒、圣－埃斯泰夫酒、圣埃美隆酒、波美侯酒、贝尔热拉克丘酒、马迪郎酒、卡奥尔酒、密涅瓦酒、科尔比埃尔酒、邦

多勒酒、阿雅克肖酒、夜丘酒、伯恩丘酒、以及西班牙出产的利奥拉佳酿、杜埃罗河岸酒、托罗酒，意大利出产的巴罗洛酒、巴巴莱斯科酒、蒙塔希诺－布鲁奈罗酒，美国加利福尼亚州或智利出产的赤霞珠酒，南非或黎巴嫩出产的梅洛酒。如果红肉配的酱汁内有葡萄酒，那可以搭配教皇新堡酒、邦多勒酒、菲图酒、普里奥拉托酒（西班牙产）、图拉斯酒（意大利产）、美国加利福尼亚州产的仙粉黛酒、澳大利亚产的西拉酒、阿根廷的马尔贝克酒、乌拉圭产的塔娜酒。

吃奶酪时喝什么酒？

吃奶酪拼盘时，很难找到与之搭配的葡萄

酒，或许只有通过多开几瓶酒，才能找到完美的搭配。所以，最好还是先选择葡萄酒，再选择与之相配的奶酪。

熟奶酪

格鲁耶尔奶酪、埃曼塔尔奶酪、孔泰奶酪、博福尔奶酪和帕尔马奶酪都是红葡萄酒的完美搭档，这些奶酪能够激发红葡萄酒里的果味，还能中和单宁。其实，白葡萄酒也可以成为熟奶酪的完美搭档，如伯恩丘产的葡萄酒、奥克产区的霞多丽酒、萨伏瓦产区的希南－伯杰隆酒、瑞士瓦莱州产的芬丹酒、弗留利酒、西班牙加利西亚产的下海湾酒、新西兰产的长相思酒。如果是成熟且陈年的孔泰奶酪或帕尔马奶酪，那就选择黄葡萄酒，如夏龙堡酒、赫雷斯雪利酒。

生奶酪

比较有名的生奶酪有萨瓦多姆奶酪、艾丹姆奶酪、高达奶酪、米莫雷特奶酪、冈塔尔奶酪、拉吉尔奶酪、萨莱尔奶酪、瑞布罗申奶酪、圣·耐克泰尔奶酪。这些生奶酪适合搭配质朴的红葡萄新酒，比如马克亚克酒、萨伏瓦产的梦杜斯酒、薄若莱新酒、阿尔萨斯产的黑皮诺酒、朗格多克酒、加亚克酒，也可以搭配一些白葡萄酒，比如萨伏瓦产的鲁塞特酒、奥弗涅山坡酒、桑塞尔酒、孔得里约酒、教皇新堡酒、普罗旺斯山坡酒。

花皮软奶酪

布里奶酪、卡蒙贝尔奶酪和查尔斯奶酪是花皮奶酪的典型，但它们所搭配的葡萄酒各不相同。如果说布里奶酪适合搭配浓郁的红葡萄酒，如梅多克酒、波美侯酒、玻玛酒，那么，卡蒙贝尔奶酪则既不能搭配红葡萄酒，也不能搭配白葡萄酒，只有一种黄葡萄酒可以搭配，但是就算搭配了，与其说是搭配，倒不如说是一场战斗。与之相反，查尔斯奶酪则兼收并蓄，它既可以搭配浓郁的、有矿物质味道的白葡萄酒，如夏布利酒、阿尔萨斯产的雷司令酒，也可以搭配高油脂的浓郁白葡萄酒，如埃尔米塔日酒、科尔登酒。

深色皮软奶酪

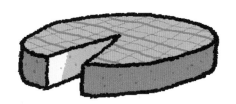

芒斯特奶酪、主教桥奶酪、利瓦若奶酪、伊泊斯奶酪、马罗伊奶酪、蒙多尔奶酪是这种奶酪的典型。如果搭配红葡萄酒的话，奶酪会导致酒中的单宁变硬，再好的名品葡萄酒也会遭受侵蚀，少了风味，非常不搭。不过，这些奶酪可以搭配一种浓郁的红葡萄新酒。而最理想的搭配还是白葡萄酒，不同奶酪所适合搭配的白葡萄酒也不一样：阿尔萨斯产的琼瑶浆、武弗雷酒适合搭配芒斯特奶酪，汝拉山酒适合搭配主教桥奶酪，香槟酒则适合搭配马罗伊奶酪，只有蒙多尔奶酪可以搭配夜丘村庄新酒。

蓝纹奶酪

蓝纹奶酪包括罗克福奶酪、布瑞赛奶酪、高斯奶酪、奥弗涅奶酪、昂贝圆柱奶酪、斯提尔顿奶酪和古贡佐拉奶酪。甜白葡萄酒是其最适合的搭配，比如苏玳酒、巴萨克酒、圣－克鲁斯－

杜蒙酒、朱朗松酒、蒙巴兹拉克酒、邦纳佐酒或卡尔－德－绍姆酒，这些酒能和奶酪里的盐分完美搭配。天然甜红葡萄酒也比较适合，如莫里酒、班努沉香酒；波尔图葡萄酒，则与英国的斯提尔顿奶酪比较适合；麝香甜葡萄酒则要搭配罗克福奶酪，再配着新鲜采摘的葡萄一起食用。至于古贡佐拉奶酪，一般比较适合的酒是桑托酒或马尔瓦尔西亚－德尔－利帕里酒，不过你也可以打破常规，试一试德国或魁北克的冰酒。

山羊奶酪

这种奶酪包括巴农奶酪、比考顿奶酪、格豪丁·德·沙维翁奶酪、卡贝库奶酪、法隆赛奶酪和产自其他国家的奶酪。由于红葡萄酒不稳定，只有浓烈的白葡萄酒才能与之搭配，或许少数的桃红葡萄酒也能在这场残酷的比赛中表现出色。总之，与这类奶酪相配的酒有桑塞尔酒、夏布利酒、萨韦涅尔酒和朱朗松干白葡萄酒。如果奶酪比较熟，那可以搭配罗纳河谷酒中由玛珊或瑚珊酿造而成的葡萄酒，比如埃尔米塔日酒。你还可以搭配科西嘉岛的帕特里莫尼奥酒，它由维蒙蒂诺酿造而成，非常合适。

绵羊奶酪

这种奶酪包括阿尔迪－加斯纳奶酪、奥索－依拉蒂奶酪和佩拉伊奶酪等，很少有红葡萄酒能抵抗这些奶酪的魅力。你也可以选择一款醇厚的白葡萄酒，它能激发奶酪中的芳香和酸度。活泼的甜葡萄酒，比如莱昂丘酒、朱朗松酒，以及维克毕勒－巴歇汉克酒都能找到用武之地。

吃甜点时配什么酒

所谓的"甜点"葡萄酒是很难找的，就像很难找到与糖搭配的葡萄酒一样，只有醇酒或者半发酵的葡萄酒，以及适量的蒸馏葡萄酒或水果酿造的蒸馏烈酒可以搭配。

如何搭配菜肴和葡萄酒？

水果甜点

水果甜点是最容易与葡萄酒搭配的甜点。如果水果不太甜，可以选择红葡萄酒。红色水果甜点可搭配天然甜葡萄老酒，比如莫里酒、巴纽尔斯酒，味道很不错。李子甜品，可搭配拉斯多酒或里韦萨特酒，或像苏玳酒、蒙巴兹雅克酒这样的甜葡萄酒，都是不错的选择。苹果甜点的话，则要搭配口感柔软的加亚克酒，或半干的武弗雷酒，或阿尔萨斯晚收的灰皮诺酒。如果是甜度更高的反转苹果塔，则要选择朱朗松或汝拉产的稻草酒，比如甜度等级为五级的托卡伊酒、南非产的康斯坦提亚酒。如果是葡萄派的话，麝香甜葡萄酒会是非常完美的选择，也可以搭配麝香起泡酒，如传统的迪－克莱雷特起泡酒，或意大利产的阿斯蒂起泡酒。如果是干果甜点（如坚果蛋糕），可以选择汝拉产的黄葡萄酒，但要注意甜点中的糖分在干型葡萄酒中的冲击，赫雷斯产的欧罗索雪利酒、马沙拉酒会更适合。如果是柠檬派，则没有什么比德国产的逐粒精选雷司令酒更好了。

奶油蛋糕

奶油蛋糕最适合搭配甜酒，但不同的奶油蛋糕搭配的甜酒是不同的。咕咕霍夫奶油圆蛋糕，适合搭配贵腐琼瑶浆酒、卡尔－德－绍姆酒或巴萨克酒；朗德奶油蛋糕，则要搭配朱朗松酒、加亚克甜酒、武弗雷酒或甜麝香酒。

巧克力甜点

如果有些葡萄酒爱好者在红葡萄酒与甜点的搭配中找到了一些不错的组合，那么，这些红葡萄酒也应该能和少糖的黑巧克力搭配。对于那些经典的甜点，如巧克力慕斯、黑森林、松软的巧克力蛋糕，我们可以考虑搭配天然甜酒或陈年利口酒，比如班努尔酒、莫里酒、拉斯多酒和茶色波特酒。不过，要是搭配一瓶陈年雅文邑或陈年朗姆酒，你一定能收获令人兴奋的惊喜感受。

冰激凌和冰糕

如果要搭配香草冰激凌，你可以选择甜白葡萄酒，比如加亚克酒、武弗雷酒、卢皮亚克酒、上卢瓦尔河－蒙特卢伊酒，或三级甜度的托卡伊酒。如果是搭配冰糕，则选择同一种果香的蒸馏酒，或者普通的水就好了！

26 酒精对人的影响有哪些?

葡萄酒能锁住葡萄中的有效成分,用餐时饮用似乎更容易被身体吸收。但是,葡萄酒毕竟是酒,酒精度通常在 10% 以上,所以饮酒过度的人会反应迟钝,分析能力下降,而且危险的是,它会让人上瘾。

酒精对身体机能的影响

不同的人饮酒,对身体机能的影响也不同:女人对酒精的消化能力比男人差,体重低的人消化能力比体重高的人差,儿童和孕妇则禁止饮酒。其实,酒精不仅没有任何止渴作用,甚至过量饮酒时间长了,还会降解肝细胞,最后导致肝硬化,影响人的神经系统。而且酒精在到达肝脏、被肝酶消解之前,会先迅速地进入血液,导致全身各处都受到酒精的侵蚀伤害。如果既抽烟又喝酒的话,人们患呼吸系统癌症和消化系统癌症的概率会大大增加。值得注意的是,酒精除了让人愉悦兴奋之外,还会让人上瘾,让人产生依赖。在法国,酗酒已经紧随心血管疾病和癌症之后,成为第三大死亡原因。

酒精影响人的心智

即使饮酒适量,酒精也会影响人对危险的反应和评估。在法国,法律禁止醇血高于 0.5g/L 的酒后驾驶行为,而对于试用执照的持有者——年轻驾驶员,则为 0.2g/L。一杯 125mL 的、酒精度 12% 的葡萄酒,就含有 10g 酒精,也就是说,喝两杯酒就足以升到醇血的最高值。

酒精过敏

植物检疫处理的残留物已经严格控制了，重金属特别是铅制瓶盖也已经控制好了。不过有的人集中吸入或者只吸入较少剂量的物质，还是很容易引起不良反应，比如吸入二氧化硫和硫胺素（维生素 B1）引起过敏；吸入曲霉毒素 A（葡萄汁中存在天然霉菌毒素）会伴有神经系统疾病。但请放心，葡萄酒中这些成分的含量始终大大低于忍耐限度。以前有人用某些杂交品种酿造出有害的高级烈酒，例如含有甲醇的诺亚醉酒，现在这些植物酒已被长期禁止了。

喝酒礼仪

在什么地方，什么情境下，应该怎么喝酒，有什么讲究吗？简单来说，建议你优先考虑在用餐时佐以葡萄酒（最好放在醒酒器里），毕竟一杯酒足以找到合适的菜来搭配。如果是在酒庄里，你品酒时得像所有专业人员一样，品一口葡萄酒后再吐出来。如果你餐后还要开车，一定要早早将车钥匙交给一个没喝酒的人。如果你是独自驾驶，那最好还是不要喝酒了。

葡萄酒酿造篇

　　葡萄酒，不仅仅是酒精饮品，还是一种由香气、口感和陈年潜力组合在一起的复杂多样的产品。你有没有思考过，葡萄品种、风土、气候和酿造技术等，哪些是影响葡萄酒品质的因素？葡萄是怎么变成葡萄酒的？葡萄酒的主要类型有哪些？不同类型的葡萄酒又有什么酿造秘密？红葡萄酒、白葡萄酒（干白或甜白）、起泡酒是怎么酿造的？什么是发酵？酒窖发酵和酒桶内发酵的区别是什么……要了解葡萄酒，我们还有很多需要掌握的知识。

27 葡萄酒经历了怎样的变化发展？

根据欧洲相关法规的规定，葡萄酒是通过压榨或不压榨葡萄，再经过酒精发酵（包括完全发酵、不完全发酵）而酿成的葡萄产品，酒精度至少得达到 8.5%。

葡萄酒的成分

化学家们在葡萄酒中已经鉴定出了 600 多种化合物，但是他们仍渴望能从中发现更多。葡萄酒中的主要成分有：

水 它占其成分的 80% ~ 90%，一瓶酒精度为 12% 的葡萄酒，88% 都是水。

酒精 绝大多数酒精来自葡萄中糖分的天然发酵。当然，人们有时会往酒中添加度数更高的酒精。

酸 酸要么来自葡萄（酒石酸、苹果酸、柠檬酸），要么来自发酵（乳酸、琥珀酸、乙酸），它会影响葡萄酒的颜色和结构。通常，专业人士用硫酸来表示葡萄酒的总酸度（从 2g/L 升到 7g/L 不等）。

糖分 在葡萄成熟期，葡萄中含有大量的糖分。虽然葡萄酒酿造时糖分会发酵，但总是含有一些无法通过发酵而转化成酒精的天然糖分，也就是残余糖分。干型葡萄酒，也就是品尝不到甜味的葡萄酒，其糖分含量低于 2g/L；而甜葡萄酒，其糖分含量可以达到 40g/L 以上。此外，酒精发酵还会产生甘油，甘油也能给葡萄酒带来甜味，只是作用不明显。

多酚 它藏在葡萄的皮和种子中，对葡萄酒（尤其是红葡萄酒）的特性起着至关重要的作用。多酚可以是着色颜料，如赋予血色调的花青素，或赋予黄色调的类黄酮，也可以是能改变葡萄酒结构、在口中留下涩味的单宁。

香味 我们在葡萄酒里到底在追寻什么？当然是追寻味道，还有香味。葡萄酒的香味来自各种芳香化合物，比如酯、乙醛、萜烯。这些化合物具有挥发性，也就是说，它们能够转化成蒸气进入我们的鼻子。

可溶解气体 葡萄酒里含有我们无法感知的二氧化碳（600mg/L 以下），它有助于让葡萄酒长时间保持新鲜；还有在酿造过程中添加的二氧化硫，可用来保证葡萄酒的稳定性。

矿物盐 它包括硫酸盐、磷酸盐、氯化物、钾、钙、维生素（尤其是维生素 P）。

水　　　　　　　　　　　　　　酒精

酸

　　　　芳香物质　　　　　　　糖

　　　　　　　　　　　　　　多酚

盐质　　　　　　　　　二氧化碳

葡萄酒的发展

让人活力满满的饮品

　　17 ~ 18 世纪，在比利时、德国、西班牙和法国许多画家的静物画和风格场景里，葡萄酒似乎已成为全民饮品，让人浮想联翩，但实际上葡萄酒是 19 世纪的工业革命之后才真正广泛传播的，尤其因为铁路的建设和发展而越发普及。当朗格多克产区的葡萄酒得以稳定生产时，法国北部地区的人民也能饮用到大量的葡萄酒。以前，葡萄酒可以算是一种奢侈商品，很早就受到管制并且被征税，起初它们只能在产区本地树立声誉，在贵族和有钱人的餐桌上占据一

席之地。普通百姓只能喝到用水和葡萄渣的混合物制成的酸味劣等酒，毕竟这些葡萄渣会继续发酵，至少比水好喝得多。路易·巴斯德有句很有名的话："葡萄酒是最健康、最卫生的饮料。"这句话得到了证实，因为多年以来，向城市提供的天然水曾多次受到污染。另外，在西方国家，仍有人死于霍乱、伤寒和其他因饮用不健康的水而引起的疾病。这也是为什么人们在喝酒干杯的时候，要彼此祝福一句"祝你健康"。

品质越来越高档，饮用越来越规范

今天，葡萄酒不再是体力工作者补充热量的日常饮料。一方面，经过根瘤蚜、假酒、生产过剩、价格下跌等危机之后，人们开始更加强调葡萄酒的品质，越来越多的人选择饮用法定产区命名的葡萄酒，没有法定产区命名的普通葡萄酒则大受影响；另一方面，人们一直在与酗酒做斗争，这是葡萄酒的文化和葡萄酒适合聚会的特征带来的必然结果，达到法定饮酒年龄（15 岁及以上）的平均饮酒量也在降低，从 1965 年的人均 100L 降至 2015 年的人均 42L 以下。

作为美食的葡萄酒

1g 酒精等于 7cal 热量，由于葡萄酒中含有不同比例的酒精和糖分，所以饮用葡萄酒后，人体也会摄入热量。此外，葡萄酒的酸度和单宁能促进人体消化。不过别忘了，酒精有害健康，这无关饮酒人的年龄、性别、酒量。希波克拉底在公元前 3 世纪就曾经写道："饮酒时，人只有根据自己的身体机能去控制、管理合适的饮酒量，葡萄酒才可能对人的健康产生积极影响。"今天，营养学家已经将葡萄酒从对我们的营养至关重要的食物中排除出去了。当然，少量饮酒是有一定好处的。另外，生活的艺术也赋予了葡萄酒一个高贵的地位——美食。

葡萄酒的文化产品

在铁路发展之前，人们只能喝当地产的葡萄酒，只有大城市里的人才能喝上"进口"葡萄酒，即通过河道运输或昂贵而缓慢的陆路运输引进的酒。因此，葡萄酒生产成了当地传统的一部分，有助于塑造当地的特色。即使在今天，打开一瓶葡萄酒，也像是邀请一位大使到你的餐桌上一样。因为葡萄酒能反映孕育它的风土，即它通过自己的特点，反映出产地的地理位置、气候、葡萄品种、人工酿造技术。自古以来，以葡萄酒和风土之间的关系为主题的著作数不胜数，不同的人关注点也不同：诗人论及葡萄酒的象征意义；农学家关注葡萄种植和酿酒技术；医生则关心饮用葡萄酒对人体健康的利弊；地理学家会关心葡萄园的最佳分布区域，如1816年，巴黎的葡萄酒商人安德烈·朱利安发表了著作《所有已知葡萄园的地形图》；美食家关注的则是葡萄酒的口味和品酒知识。

如今，评论家们纷纷投入到饮酒指南的编纂中。这些指南的成功，足以证明葡萄酒的亲民。它依然是一个文化主题，不仅在以前的欧洲引起了无休止的讨论，在美国和日本，人们也开始了相关的讨论。

法国悖论

20世纪90年代，在国家健康与医学研究院研究员塞尔吉·雷诺发表研究成果后，一直存在这样一个被美国媒体广为报道的奇论：尽管法国人的饮食脂肪含量高，但法国人，尤其是生活在法国西南部的居民，因为长期饮用红葡萄酒，患心血管疾病的概率比其他人要低。因为红葡萄酒中的单宁，尤其是多酚，能很好地吸收脂肪，防止该类疾病的出现。

28 哪些因素成就了高品质葡萄酒？

人们越来越在意葡萄酒生产的量，而是热衷于生产出高品质的葡萄酒。品质好的葡萄酒必须保证各个成分之间的平衡，这些成分包括酒精、酸、单宁、糖分，还有平衡的芳香因子。一瓶优质的葡萄酒，必然是优质原材料的酿造产物，而优质的原材料，又源于多种因素（包括自然方面和人为方面）。

适宜的气候

降雨量和光照条件

种植葡萄的首选气候是温带气候，因为只有温带的降雨量适中，寒带、热带都不适合葡萄的生长。在地中海气候地区，葡萄生长初期降雨量最大，而在夏季葡萄成熟的过程中，气候又相对干燥，所以，地中海气候是理想的葡萄种植气候。当然，在更北的地方，葡萄藤也可以适应当地的温带气候。此外，在葡萄成熟的决定性阶段，过高的气温会损害葡萄芳香的新鲜度。这也是为什么在凉爽的地区种植有限的葡萄，依然能产出品质好的葡萄酒。黑皮诺葡萄酒就是这种情况，在勃艮第、德国和美国的俄勒冈州种植的黑皮诺质量上乘，可一旦换到更南的地区，黑皮诺葡萄酒就没那么理想了。而赤霞珠则适合在梅多克种植，换到更炎热的气候地区，品质也不尽如人意。

土壤湿度

葡萄生长的另一个条件就是供水。和有规律地给葡萄园灌溉相比，在稍微贫瘠的土壤里种植，葡萄会成熟得更充分，因为贫瘠的土壤中葡萄的根系可以扎得更深。适度的"供水压力"是有益的，但如果干旱时间过长，则会导致葡萄难以成熟，所以偏干旱的地区（如西班牙、美国加利福尼亚州、智利）必须进行灌溉。现在由于全球变暖的原因，法国北部的葡萄种植地区和全国的灌溉法规都有可能被破坏。

葡萄品种

在数千种葡萄属葡萄藤中，人类在既定的气候条件下选择了出产量最佳的葡萄品种，又经过几千年的反复试验，数百种葡萄栽培品种最终被保留下来。其中，源自欧洲的几十种葡萄已在全世界范围内占据着中心地位，比如赤霞珠、西拉、霞多丽和长相思。而且，农学研究机构为了培养出抗病或抗热的葡萄品种，从未停止葡萄的杂交和选种工作。所以对葡萄种植者们来说，面临的挑战是如何使葡萄品种适应本地区的自然条件，因为我们只推荐在适当的环境中种植对应的葡萄品种。

风土

风土，是一个法国葡萄酒消费者熟悉、而新世界葡萄酒消费者知之甚少的概念。它指的是各种相关的自然因素，包括气候和小气候、地势和地形、地下土和地面土，这些都是影响葡萄质量的先天性条件。从广义上讲，风土还包括人为因素，例如种植方法、种植传统以及当时的经济限制（营销条件等）。当然，人们也可以通过排水或灌溉等方式改良土壤。实际上，如果没有人去发现并优化风土，那也就没有风土。

有限的产量

要获得高品质的葡萄需要限制产量，这是在法定原产地命名葡萄酒产区的规范中确定了的。如果葡萄园里种植的葡萄太多，葡萄的成熟度就会差，风土的优势也会被消除。为了限制产量，葡萄种植者们可以发挥自己的主观能动性，控制葡萄的种植密度。比如通过有序的耕作或种草工作，来调节葡萄藤之间的竞争，因为每 hm^2 土壤上种植的葡萄越多，葡萄藤之间的竞争就越激烈，每株葡萄藤结出的葡萄就越少。葡萄种植者们还可以通过控制光照、葡萄叶修剪、在新区种草等多种方式来限制葡萄藤的活力以及葡萄藤枝杈、叶子的增长速度。

合适的采摘条件与方式

直到葡萄采摘之前，种植者们都需要时刻关注天气。同样，葡萄的采摘方式也很重要。手动采摘更细致，且能给葡萄藤分类，保护还未结果的葡萄藤；使用采摘机的话（目前占大多数），则可以保证快速且灵活地进行采摘（尤其是在夜间），还能保留住葡萄的芳香和新鲜感。总之，无论采用哪种采摘方式，都必须保证这些葡萄最终能够酿造出优质的葡萄酒。

29　有哪些葡萄品种？

　　葡萄酒与葡萄品种有关，但也不是关乎所有的葡萄品种，只涉及酿酒葡萄品种。全世界大约有10000个葡萄品种是葡萄品种学家和葡萄藤的观察家致力于研究和描述的。然而，在这10000个葡萄品种中，只有极少的部分被应用到实际种植中，然后再被投入商业生产，即生产可食用的葡萄（如新鲜葡萄、葡萄干）或用于酿酒。

酿酒葡萄品种

　　卡尔·冯·林奈于1753年定义了酿酒葡萄，它属于葡萄科下的葡萄属。而秋天爬满屋墙的红色的爬山虎是葡萄科地锦属，和酿酒葡萄同科但不同属。1887年，分类学家普兰琼根据染色体的数量和植物的形态（叶子、果实、枝杈），又将葡萄属分为两大类：真葡萄亚属（简称为葡萄属）和圆叶葡萄亚属。真葡萄亚属的葡萄藤可以杂交，孕育出优良的葡萄品种，这类葡萄品种天然地存在于欧洲、美洲和亚洲，酿酒葡萄是其中的重要部分。酿酒葡萄品种指的是一些人工改造过的葡萄藤品种，它可分为两种：一种是欧亚种葡萄，另一种是野生亚种，后者也包括通常被称为欧洲野葡萄的野生葡萄品种。实际上，在欧洲种植的成千上万的葡萄品种都是根据其浆果品质，以及其酿造出来的葡萄酒品质，而精挑细选获得的野生葡萄品种。

　　植物学家们会随着葡萄品种的不断栽培，给这些精选出来的品种命名。在美洲大陆上，种植着很多真葡萄亚属，但事实证明，这类葡萄不适合酿酒，因为它会散发出狐臭（即"狐皮"的气味）。相反，红皮的康科德葡萄（属于美洲葡萄，种植在美国东海岸）既可作为鲜食葡萄，也可以榨汁，甚至用于葡萄酒酿造。如果说，世界上种植的葡萄品种中，那些被用于酿造优质葡萄酒的

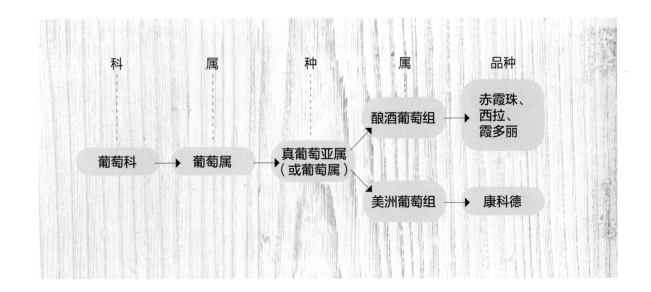

多属于真葡萄亚属（也就是酿酒葡萄），那么，美洲的葡萄品种也能占据一席之地。

葡萄家谱

今天已知的葡萄品种，是经过多年的自身基因突变或人工杂交而形成的，它们已经适应了自然条件。人们基于其形态特征（主要是叶子、树枝和果实）以及生理特征（早熟、活力、对环境或疾病的抵抗力），新兴了一门科学——葡萄分类学。经历了长时间的混乱状态之后，葡萄分类学在 20 世纪取得了巨大进步。这要多亏蒙彼利埃高等农学学校的皮埃尔·加莱特，他对古代葡萄藤的所有后代进行了分类。21 世纪初，分子生物学（DNA）继而推进了现存葡萄品种家谱的建立。在研究过程中，人们发现了一些意外惊喜。例如，来自美国加利福尼亚州戴维斯大学的研究人员卡罗尔·梅瑞狄斯和约翰·鲍尔斯，以及来自蒙彼利埃法国国家农业科学研究院的让－米歇尔·布尔西科和帕特里斯·蒂斯，一同发现在中世纪期间，在香槟地区和法兰西岛上种植的一种平庸的葡萄品种——高维斯葡萄，竟然是皮诺和霞多丽葡萄的先祖。

勃艮第香瓜葡萄

白玉霓葡萄

从形态上看，和勃艮第香瓜葡萄相比，白玉霓葡萄的叶子有更多的锯齿。

杂交和混交

为了满足日益增长的葡萄藤需求，人们开始对葡萄进行混合改造，这可以分为杂交和混交两种方式。杂交指的是一种或多种美洲葡萄种与欧洲酿酒葡萄种之间的杂交，它主要用于形成酿造雅文邑葡萄酒的白巴科葡萄——一种由河岸葡萄和白福儿葡萄杂交而成的葡萄品种。杂交葡萄在 19 世纪得到了广泛发展，人们不断培育出各种新型砧木，它们能够抵抗致命性的蚜虫与萎黄病等疾病，还能适应高盐分、洪涝或干旱环境，

跋山涉水的葡萄藤

人工改造的葡萄藤起源于外高加索地区（包括亚美尼亚和格鲁吉亚）以及小亚细亚。在人类迁徙的过程中，人们把这里的葡萄带到了埃及、希腊和整个地中海盆地，然后，古罗马人又将葡萄的种植扩展到整个罗马帝国。15 世纪，征服者们又在迁徙的过程中，把葡萄带到了美洲海岸。17 世纪，荷兰人把葡萄带到了南非。18 世纪，英国人把葡萄带到了澳大利亚。

而且更高产，又能直接用于葡萄酒酿造（因而也被称为直接酿造杂交种）。这些杂交品种主要来自美国，如河岸葡萄、沙地葡萄和冬葡萄。混交指的是两个酿酒葡萄品种之间的混合，例如德国葡萄品种米勒－图高，就是雷司令和西万尼混合而成的。这种混交的方法主要应用于德国和瑞士的葡萄品种。

砧木

嫁接繁殖时承受接穗的植株被称为砧木。19世纪末，在根瘤蚜虫还未肆虐欧洲葡萄园的时候，葡萄园里都是实生葡萄藤，不存在嫁接。

为了对抗根瘤蚜虫，研究人员别无他法，只能将欧洲的葡萄藤嫁接到来自美洲的葡萄藤上，或者是有抗虫能力的杂交品种上。因此，一株葡萄藤由两部分组成：地下的砧木和能够酿酒的接穗（暴露在空气中、能结果的）葡萄品种。以前，人们会直接在葡萄园中进行嫁接，现在则有专门的苗圃来完成。在苗圃里，种植者会先选取母藤的藤枝，然后用蜡焊接完成嫁接。

葡萄藤繁殖

因为葡萄藤的有性繁殖或体外繁殖仅能用于培育杂交品种，而且播种的效率不高，所以，目前唯一通行的繁殖方式就是无性繁殖。以前，葡萄藤是通过枝插法或压条法的方式来实现繁殖的，即直接把留在母株上的枝条插入土壤里，让其生根发芽。自从经历了根瘤疫情，嫁接技术已经全面推广。嫁接的枝条和砧木都能在地里或盆栽中扎根，然后再将它们移入葡萄园中，移植到经过消毒与合理改良过的土壤里。为了保证幼树藤能深深地扎进土壤里，人们需要频繁浇水。为了满足日益增长的葡萄酒消费需求，在相关专家的动员下，高处接枝首先在新世界发展起来。这种高处接枝法，指的是在一株老葡萄藤上嫁接一个新的葡萄藤。这样，我们无须把原有的葡萄藤连根拔起，就可以更换葡萄园里的葡萄品种，一年后便能采摘新鲜的果实了。当然，这种高处接枝法也有缺点，它会减少葡萄藤的寿命。

最优葡萄品种的选种

选种，意味着要挑选出健康、有活力、果实品质好的葡萄藤。目前有批量选种和克隆选种两类方式。

批量选种

批量选种指的是在葡萄园里经过连续三年的观察，找出收成好的葡萄藤，舍弃其他葡萄藤。一旦被标记后，这些葡萄株将进行繁殖，形成新的种植分区。这种方式保留了葡萄园当地的特色，但也有局限性，因为健康的、没有受过病毒残害的葡萄株很少。

克隆选种

这种选种方式的目的就是创建克隆体，即克隆出与母株树根（又被称为克隆梢）基因完全一致的新葡萄株。随后，对克隆出的新株进行病毒学测试，认证后就可以开始大量繁殖了。黑皮诺葡萄就有大约 50 个被批准的克隆株。大多数法国葡萄品种都有克隆编号标记，苗圃的种植者由此可以知道同一葡萄藤的每个克隆株的不同性质，并了解其产量、抗病性、是否能够酿造优质葡萄酒等特点。

但克隆技术会经常引发争论，因为葡萄种植者们认为用于克隆的克隆梢过于单一，并批评这些植株产量太高。但与选种标准的争议相比，克隆引起的争议算不得什么。研究人员知道如何把质量好的和不太活跃的克隆株分离出来。现

转基因葡萄

转基因生物的研究也推广应用到了葡萄栽培上。虽然只是将杂交技术应用在同一属的葡萄藤上，但是，通过植入另一品种的染色体，在改变葡萄品种遗传基因的同时，也改变了原有品种的基因遗产。有人担心转基因葡萄藤可能会破坏生态系统的平衡，这不是没有道理的。因此，必须严格限制全领域的转基因尝试，禁止开展触及植物本质的革命，以免颠覆已维持数百年的逐步选种方式。然而，拒绝所有的基因尝试，把相关研究人员及其成果妖魔化，只能显明人的深层次恐惧，甚至是无知。

在，克隆选种的葡萄藤已经可以与经过批量选种的老葡萄藤进行比较，有时，我们会看到令人信服的结果。不过，某些葡萄品种的克隆选种依然非常有限，如实生赤霞珠和密斯卡岱。

葡萄粒的生长

不管是白色的葡萄粒还是红色的葡萄粒，当采摘者在葡萄藤上小心地摘下一颗非常成熟

葡萄皮

葡萄皮占葡萄浆果重量的10%，它表面有一层白色的、具有防水性的蜡质层（果霜），皮内包含单宁、着色颜料和前质香气。

葡萄果肉

葡萄果肉占了葡萄浆果重量的75% ~ 85%，果肉内包含糖、酸、氮化合物和无机盐。无论是红葡萄还是白葡萄，优质葡萄的果肉都是无色的。但还是存在一些内含有色汁液的葡萄品种，也被称为染色葡萄，以前人们会用这种葡萄给劣质葡萄酒上色。

葡萄果梗

葡萄果梗依附在支撑整颗果粒的线状物果刷上，它富含涩涩的单宁，有草本味，所以人们往往会先划破葡萄果粒，去掉果梗，再开始酿造。

葡萄籽

葡萄籽富含单宁和油性物质（市场上还有葡萄籽油，非常有营养）。一粒葡萄最多有四个葡萄籽，具体数量因葡萄品种而异。

的葡萄时，尝一口，都是那么的沁人心脾。那里面有什么呢？在葡萄的成熟过程中，葡萄粒开始累积糖分，当然，还有其他成分。

每个葡萄品种都有自己的生长节奏

一般来说，葡萄品种是根据其颜色（白色或红色）进行分类的，但也可以根据它们的出芽和成熟日期来划分。第一批葡萄品种霞多丽、黑皮诺、佳美，与莎斯拉同时成熟；第二批葡萄品种雷司令、西拉、赤霞珠，在第一批成熟后的 10 ~ 20 天成熟；第三批葡萄品种歌海娜、佳丽酿，则会在 20 ~ 35 天之后成熟；第四批亚历山大麝香，则要到 45 天后才会成熟，但成熟期可以持续 30 ~ 70 天。早熟的葡萄品种，其成熟期比较短暂，因此，早熟葡萄能适应北方地区的气候。相反，晚熟的葡萄品种，其成熟时

葡萄粒有香气吗？

"这款霞多丽葡萄酒有着黄油面包和榛子的香气……"大家对此赞不绝口。可是，你穿过勃艮第夏布利葡萄园，已经采摘了好些葡萄粒了，却闻不到任何香气呀！这不是虚张声势吗？其实葡萄粒是闻不到任何香气的，除非这个葡萄品种富含萜烯化合物，比如麝香葡萄。萜烯化合物会以香气前体的形式存在于葡萄皮的内部，随着葡萄的不断成熟，萜烯化合物会不断增多。但是，它们也可能因过热的天气，或提前的成熟期而被燃烧殆尽。只有到了发酵期间，在酵母和酶的作用下，这些化合物才会以芳香的形式释放。

间很长，所以适合生长在南部地区。如果不能保证所有的葡萄在同一时间施肥，那么，浆果开始成熟的时间和成熟期就会错开很多，继而影响在同一时间采摘葡萄。这也是为什么最好要在葡萄刚开始成熟的时候，就提前区分出成熟葡萄和未成熟的葡萄。

糖分的积累过程

在葡萄成熟期，葡萄果肉开始累积糖分。叶子在光合作用中产生蔗糖，再以淀粉的形式储存在木质部分（树干、树枝和根部）中，然后迁移至葡萄浆果里，并转化为葡萄糖和果糖。葡萄糖和果糖的比例会随着成熟期发生变化：一开始，葡萄糖更多；成熟末期，果糖更多。就像低

温或日照不足会影响葡萄生长一样，干旱、葡萄藤的活力过剩或降雨的到来，都会导致葡萄果粒膨胀、果肉被稀释，阻碍葡萄粒中糖分的积累。同时，葡萄粒中的酸度会下降，因为葡萄通过呼吸作用降低了苹果酸。且随着果肉的稀释，酒石酸也会被慢慢稀释掉。在气候偏冷的地区，果肉里的酸度降低得比较慢，而在气温偏热的地区，酸度会迅速降低。相反，在葡萄成熟的过程中，果肉的pH值、氨基酸和矿物质（钾、钙、镁和钠）的含量则会不断增长。

葡萄的着色

在成熟过程中，由于叶绿素的影响，葡萄果粒从绿色变为最终的颜色——黄色、红色或蓝

黑色。着色剂（如花青甙和黄酮醇）只存在于葡萄皮里，而不存在于果肉中。在成熟的过程中，由于温度上升和日照充足，这些着色剂会不断增多。有些葡萄品种果粒的着色剂远远高于其他葡萄品种，如红葡萄皮里富含花青素，所以是红色的，而白葡萄皮里则没有花青素。

结果
6—7月

要有耐心：单宁也在成熟

单宁主要集中在葡萄皮、葡萄果肉和葡萄果梗里，其含量也会随着成熟期不断增加。而且，单宁会进化，变得越来越易萃取，涩味也越来越少。酿酒师通常会分析多项指标，或者通过挤碎葡萄籽来感知其苦味，以此确定单宁中酚的成熟度，并根据这个来确定葡萄的最佳采摘期。

开始成熟
7月15日至8月

成熟过度：越来越浓缩的糖分

如果已经过了成熟期，但葡萄还未采摘，那么，葡萄果肉中的糖分含量就会通过浓缩的方式进一步提高。由于蒸发作用，葡萄粒会失去水分，直到出现部分风干的情况，这些葡萄就是成熟过度的葡萄。在此过程中，多酚、花色苷和单宁都会进化，并且更容易从葡萄皮和葡萄籽中释放出来。但同时葡萄皮也变得脆弱，可能会破裂，

成熟
8月底至10月初

并导致腐烂。有时候，葡萄果梗也会变色，里面的单宁越来越成熟。与此同时，香气也会发生变化，越来越有果酱的味道。如果只是非常轻微的成熟过度，红葡萄能酿造出更加顺滑、酒精度更高的葡萄酒；而过分的成熟过度，则会直接降低葡萄酒的品质。

知名的红葡萄品种有哪些？

为什么这些葡萄酒是红色的？千万不要以为红葡萄的果汁也是红色的。质量上乘的葡萄品种，其果汁是无色的。而葡萄酒的红色来自葡萄皮，因为皮中含有着色剂花青素，人们通过把葡萄皮和葡萄汁放在一起浸泡，才最终酿出红色的葡萄酒。因此，即使是红葡萄，去掉果皮，只用果肉和汁水进行发酵，也可以酿造出白葡萄酒。

的管家布莱顿神父将它种在圣－尼古拉斯－德－布尔格伊的领地里。因此，在这个地区，品丽珠还有个别名——布莱顿。作为吉伦特河之星的品丽珠葡萄，还出现在西南地区，尤其是贝尔热拉克和马迪郎。

品丽珠

发现

品丽珠来自波尔多，所以也被称为北塞。17世纪时，在黎塞留的保护下，人们把品丽珠引入都兰的葡萄园里。后来，黎塞留又命令他

识别

由品丽珠葡萄酿造而成的葡萄酒，是一种芳香（覆盆子、草莓、黑加仑）葡萄酒。和赤霞珠酿造的葡萄酒相比，它的颜色没那么艳丽，单

宁更少，口味更细腻。在都兰，有些品丽珠酿造的葡萄酒还会释放出葡萄品种本身的青椒味。

品尝

在波尔多，有产自圣埃美隆白马酒庄的特级酒（混酿而成的），其中品丽珠的比重高于梅洛和马尔贝克；还有卢瓦尔河谷的布尔格伊酒、希农酒，其中品丽珠至少占比 90%，这些都可以选来品尝。

赤霞珠

发现

赤霞珠在法国乃至全世界都是顶级的葡萄品种！尤其是它酿造出的享负盛名的梅多克葡萄酒，更是巩固了它的地位。在波尔多和法国西南地区，赤霞珠与梅洛、品丽珠形成了铁三角组合。而在卢瓦尔河谷或普罗旺斯产区，赤霞珠也可以与当地特有的葡萄品种一起酿制出红葡萄酒和桃红葡萄酒。在朗格多克（当地广泛种植赤霞珠），人们也会对赤霞珠进行单酿，酿造出各种受保护的地域标识的葡萄酒。赤霞珠因其很强的适应能力，现已广泛分布于世界各地。

识别

赤霞珠酒色浓郁，口感绵密，适合长时间陈酿。它会散发黑加仑或黑加仑芽的香气，还伴有从陈酿桶中"继承"下来的辛辣味。如果你闻到青椒的气味，则说明赤霞珠还未完全成熟。以赤霞珠为主酿造出的葡萄酒，需要长时间地陈酿后才能到达最佳品尝期。

品尝

波尔多的波雅克酒、朗格多克的奥克保护地域标识酒，以及美国加利福尼亚州的纳帕谷鹿跃酒庄酒，你都可以选来品尝。

佳丽酿

发现

佳丽酿来源于西班牙的阿拉贡省，根瘤疫情后，在朗格多克地区，人们开始广泛种植佳丽酿。由于它在平原上的产量大，导致法国南部葡萄酒生产过剩，最后不得不大量剪除，以至于佳丽酿正在全面减少。相反，在劣质土壤里种植的陈年葡萄藤，因为产量低，却酿造出了真正具有个性的葡萄酒。现在在西班牙（加泰罗尼亚省）、意大利、墨西哥、阿根廷、美国加利福尼亚州和澳大利亚，我们依然能找到佳丽酿。

识别

佳丽酿酒体醇厚，单宁多而且结构稳定，果实红润，偏酸。该品种非常适合陈酿，且一般在碳浸渍中酿造，这种方式能够激发它本身的果味。

品尝

你可以品尝朗格多克的菲图酒（混酿而成，其中有 60% ~ 70% 的佳丽酿，辅以歌海娜、慕合怀和西拉）。

佳美

发现

薄若莱酒是佳美这一葡萄品种酿造出的最典型的酒。佳美一直给人以新酒的印象，从每年 11 月的第 3 个星期四开始，就可以预备分享当年的新酒了。但是，在薄若莱北部的最佳风土地区，佳美也能酿造出更醇厚的葡萄酒，比如圣 - 阿穆尔酒、朱利埃纳斯酒、切纳斯酒、风车酒庄酒、弗勒里酒、奇鲁布勒斯酒、莫尔贡酒、雷涅酒、布劳伊丘酒和布劳伊酒。由于这些酒好喝，佳美在法国的很多地区，包括汝拉、萨伏瓦、加亚克、卢瓦尔河谷、奥弗涅，甚至世界很多国家（瑞士、意

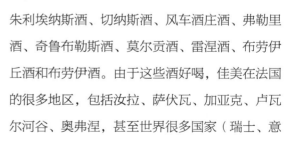

大利、保加利亚、加拿大和美国）都受到追捧。

识别

佳美要通过碳浸渍进行单酿。它会散发果味香（小红果、桃子）和花香（玫瑰、紫罗兰、牡丹），单宁少，味淡，适合鲜酿时品尝。

品尝

你可以品尝薄若莱的墨贡酒（薄若莱十大名酒中最适合陈酿的酒），以及中央高原的福来丘酒。

歌海娜

发现

这个源于西班牙的葡萄品种，和丹魄酒一起，让纳瓦拉和拉·里奥哈的葡萄酒光芒四射。因为朗格多克、罗纳河谷和普罗旺斯的石质土壤很适合它，法国也引进了这个品种，并且被广泛种植。歌海娜还能与西拉、慕合怀特、佳丽酿一起混酿成红葡萄酒和干桃红葡萄酒，而且在享负盛名的鲁西永天然甜酒中，歌海娜的含量也很高。

识别

歌海娜酿出的酒呈深石榴红色，酒体浓烈、圆润且浓厚。它能散发出成熟水果（西梅、无花果）的香气，浸渍在烈酒里的核果香气，以及浓烈的可可、咖啡、香料的香气。

品尝

鲁西永的班努列酒、里弗萨尔特酒、科利尤尔酒，罗纳河谷的教皇新堡酒，南罗纳河谷的利哈克酒、塔维勒酒（桃红葡萄酒），以及西班牙阿拉贡省的卡利涅纳产区酒、加泰罗尼亚省的丹魄酒，你都可以选来品尝。

梅洛

发现

作为波尔多地区、圣埃美隆和波美侯产区的王者，梅洛是法国种植最广泛的红葡萄品种。同时，它也被广泛种植于意大利、瑞士、东欧地区和其他新世界地区。

识别

梅洛丰郁而浓烈，单宁丰富，有李子的香味，适合鲜酿饮用。它和赤霞珠进行混酿时，酒体更加绵软。

品尝

你可以品尝波尔多的波美侯酒、圣埃美隆酒，瑞士的提契诺州梅洛酒，以及意大利的弗留利东丘酒，还有美国华盛顿州亚基马山谷的梅洛酒。

慕合怀特

发现

这个来自西班牙的葡萄品种，广泛种植于西班牙穆尔西亚、巴伦西亚和卡斯蒂利亚－拉曼恰，同时也广泛种植于法国普罗旺斯的邦多勒、罗纳河谷和朗格多克－鲁西永。在澳大利亚的巴罗莎谷，以及美国加利福尼亚州的葡萄园中，慕合怀特也占有一席之地。而且，它可以与歌海娜、神索、西拉和佳丽酿一起进行混酿。

识别

慕合怀特酿出的酒颜色浓郁，根据其年龄，从绛紫色到深石榴红不等。它散发着成熟的红果（黑加仑、覆盆子）香，酒体紧密，适合陈酿。

品尝

你可以品尝普罗旺斯的邦多勒酒（至少由50%的慕合怀特混酿而成），以及西班牙瓦伦西亚的阿利坎特酒。

拉卡迪埃–达聚，是邦多勒酒法定命名的产酒村，是慕合怀特葡萄的天选之地。

全球的葡萄种植概况

　　经过多年的高速增长，全球的葡萄种植面积已经开始全面收缩。然而，目前全球葡萄种植总面积仍为 750 万 hm^2。经过 2008 年到 2011 年间的挖葡萄树补贴运动之后，欧盟的葡萄种植面积约占 340 万 hm^2，比重不到世界葡萄种植总面积的一半（45%）。新世界国家（美国、阿根廷、智利、南非、澳大利亚）自从 1995 年开始扩大种植面积后，其葡萄种植面积已经占到了 120 万 hm^2。亚洲国家自 20 世纪 90 年代末开始种植葡萄，种植面积每年都在持续增长。到 2015 年，中国的葡萄种植总面积有 80 万 hm^2，已经超过了法国（只有 79.2 万 hm^2）。

内比奥罗

发现

这种葡萄品种能酿造出意大利最好的葡萄酒。它种植于皮埃蒙特阳光明媚、富含石灰石的山坡上，产量较低。美国加利福尼亚州和阿根廷曾试图引入该品种，可惜未能成功。

识别

这种葡萄酒呈鲜艳的红色，浓烈馥郁，有成熟的红果香和紫罗兰香气。在陈酿的过程中，葡萄酒的颜色会慢慢演变成皮革色，并且带有细微的辛辣味。内比奥罗的奇异之处在于能长久保鲜，也能长期陈酿。

品尝

你可以品尝皮埃蒙特的巴罗洛酒、巴巴莱斯科葡萄酒。

黑皮诺

发现

这个来自勃艮第的著名葡萄品种，因为成熟较早，可以在北部葡萄酒产区种植。虽然在阿尔萨斯、卢瓦尔河谷、汝拉和萨伏瓦都能见到黑皮诺，但勃艮第金丘产的黑皮诺酒最为有名。在德国（巴登州、普法尔茨州、莱茵黑森州、符腾堡州和上莱茵州），黑皮诺也被称为斯贝博贡德，是红葡萄品种中的顶级品种。在瑞士、意大利

（特伦蒂诺 - 上阿迪杰和弗留利）、美国（加利福尼亚州和俄勒冈州）、新西兰和南非都有黑皮诺种植区。由于受到基因突变的影响（莫尼耶比诺葡萄就是它的一个变异品种），黑皮诺也被应用于克隆选种。它既能单酿出白葡萄酒，也能与其他葡萄品种混酿出起泡酒，例如香槟酒。

识别

黑皮诺葡萄酒呈浅红色，有浓烈的果香（小红果、樱桃），而且结构紧密，单宁丰富，口感丝滑，适合长期陈酿。

品尝

勃艮第的沃恩－罗曼尼酒、香贝丹酒、伏旧特级园酒、沃尔奈酒、玻玛酒，卢瓦尔河谷的桑塞尔酒，以及德国巴登省的斯贝博贡德酒和美国俄勒冈州的威拉米特谷酒，都是不错的品尝选择。

识别

葡萄酒呈红宝石色，浓烈馥郁，有强烈的红果和黑果的香气。意大利酿酒师通常会用木桶陈酿很长时间，这样可以增强葡萄酒的醇厚，使之既散发动物和香料的香气，又有柔滑的口感。

品尝

意大利托斯卡纳产区的蒙塔希诺－布鲁奈罗酒、经典基安蒂酒（桑娇维塞与赤霞珠混酿而成）、高贵蒙特布查诺酒，法国科西嘉岛的帕特里莫尼奥酒，都是不错的品尝选择。

桑娇维塞

发现

桑娇维塞葡萄品种被誉为朱比特之血，多亏了它，意大利才有了托斯卡纳葡萄酒。而且，这一葡萄品种的克隆株很多，产量和葡萄品质都不错。中世纪时期，桑娇维塞就开始在科西嘉岛（特别是帕特里莫尼奥产区）种植，又被叫作涅露秋。后来，它也在阿根廷和美国加利福尼亚州（纳帕谷）广泛种植。

西拉

发现

在北罗纳河谷种植的西拉，已经成功地征服了普罗旺斯和朗格多克－鲁西永。在这两大产区，西拉既可以单酿出带有受保护的地理标识的葡萄酒，也可以与当地的葡萄品种进行混酿，酿制出原产地命名葡萄酒。如今，该品种已成为澳大利亚主要的红葡萄品种。

识别

葡萄酒呈深红色，酒体绵密，带有紫罗兰、黑色水果、甘草和胡椒的香气，适合长期陈酿。

品尝

罗纳河谷的罗蒂谷酒、科尔纳斯酒、埃尔米塔日酒，澳大利亚的巴罗莎谷西拉酒、猎人谷西拉酒、库纳瓦拉西拉酒，都是不错的品尝选择。

丹魄

发现

在西班牙语里，"丹魄"的意思是"早熟"，因为它成熟得比较早。丹魄酒在西班牙葡萄酒中起着至关重要的作用，尤其是在里奥哈、加泰罗尼亚和卡斯蒂利亚－莱昂。该品种通常要和其他葡萄品种进行混酿，以保持葡萄酒的良好平衡。不同地区对它的称呼是不同的：在葡萄牙，丹魄被称为"罗丽红"；在阿根廷，它则被称为"野兔眼"。

识别

葡萄酒呈石榴红色，结构紧致，带有小红果的香气，适合长期陈酿。

品尝

西班牙的里奥哈酒、佩内德斯酒（产于加泰罗尼亚省）、杜埃罗河岸酒（产于卡斯蒂利亚－莱昂自治区），以及阿根廷的门多萨酒，都是不错的品尝选择。

知名的白葡萄品种有哪些？

白葡萄的果皮里没有花色苷，有的是使其呈现黄色的化合物。因此，霞多丽的葡萄粒略带琥珀色，雷司令的葡萄粒能从淡绿色变为金黄色。其他白葡萄品种在成熟期时则带有暖色，如阿尔萨斯产的琼瑶浆，就带有玫瑰红色。

霞多丽

发现

作为第一个走出国门、在全世界种植的白葡萄品种，霞多丽为勃艮第产区做出了贡献。它能很快适应当地的气候条件，并摆脱某些地区的地质束缚，现在已经征服了卢瓦尔河谷、萨伏瓦省，甚至是更炎热的地区。在普罗旺斯、朗格多克、西班牙，以及新世界的国家和地区都有种植，美国加利福尼亚州、澳大利亚、智利、南非、新西兰和阿根廷也开始向它表示敬意。

所有的葡萄品种都重要！

在葡萄酒的世界中，有些法国葡萄品种进行了环球旅行，最终成为全世界闻名的葡萄品种。但是，我们也不该忘记那些推动形成各葡萄酒产区地方特色的葡萄品种，它们的名字也经常出现在酒瓶背面的酒标上。对于每种以原产地命名的葡萄酒，你都能轻松地在《法国葡萄酒词典》中找到酿造它的葡萄品种。

识别

霞多丽口味醇厚、浓烈，具有独特的果香，尤其是榛子和黄油的香味。在香槟地区，霞多丽既可以与黑皮诺混酿，也可以单酿出白中白香槟。而且，它非常适合在木桶中陈酿。

品尝

勃艮第的夏布利酒、莫索酒、蒙特拉奇酒、科通查理曼酒，香槟地区的白中白香槟，以及美国加利福尼亚州的卡内罗斯酒，智利的风土与海拔酒，都是不错的品尝选择。

诗南

发现

诗南葡萄在卢瓦尔产区被称为卢瓦尔皮诺，是卢瓦尔河谷最有名的白葡萄品种，曾受到拉伯雷的赞扬。诗南葡萄钟爱着卢瓦尔的土壤，尤其是当地的砂质白垩。将诗南与小部分霞多丽、长相思进行混酿，能酿造出当地最好的葡萄酒。而在美国的加利福尼亚州、阿根廷和智利，人们会用诗南酿造出品质各异的葡萄酒。

识别

诗南酒呈稻草黄色，带有花香和柑橘香气，酸度完美，有多种类型：干型白葡萄酒、半干型白葡萄酒、甜型白葡萄酒和甜葡萄酒（醇厚的蜜甜味），所有种类都适合长期陈酿，且能用于酿造起泡酒。

品尝

卢瓦尔河谷的萨韦涅尔酒、安茹酒（干型）、

武弗雷酒、卢瓦尔–蒙路易酒（干型或甜葡萄酒），以及莱昂丘酒、邦尼舒酒、卡尔－德－绍姆酒（甜葡萄酒）、索米尔酒、卢瓦尔－克雷曼酒、武弗雷酒（起泡酒），都是不错的品尝选择。

琼瑶浆

发现

"琼瑶浆"在德语里的意思是"有香料味

的"，因为这种葡萄源自意大利蒂罗尔的芳香葡萄品种。作为阿尔萨斯的标志性葡萄品种，琼瑶浆有着独一无二的粉红色浆果。由于当地的石灰质岩土能大大促进琼瑶浆的生长，激发其活力，加之其高贵的身份，它酿造的葡萄酒成为阿尔萨斯产区特等葡萄酒之一。琼瑶浆也小规模地种植于其他国家和地区，如美国的俄勒冈州和加利福尼亚州、瑞士、意大利北部和西班牙。不过，只有阿尔萨斯的琼瑶浆酿造出的葡萄酒才是顶级的。

识别

该品种酿造出的葡萄酒分为干白葡萄酒、晚收甜葡萄酒和贵腐精选甜葡萄酒，带有丰富的色调，香气浓郁，能让人联想到玫瑰、柑橘类水果、荔枝、香料和蜜糖面包的香气。

品尝

阿尔萨斯琼瑶浆酒和西班牙的索蒙塔诺酒，都可以选来品尝。

麝香

发现

自古以来，在地中海盆地，既能作为水果食用，又能用于酿酒的麝香葡萄品种不止一种。

最精致的小粒麝香品种能酿造出天然甜葡萄酒，比如法国的芳蒂娜麝香酒、吕内尔麝香酒、蜜乐麝香酒、博姆－威尼斯麝香酒、密内瓦－圣－让麝香酒、科西嘉角丘酒，希腊的萨幕思麝香酒、帕特拉斯麝香酒、塞法洛尼麝香酒，意大利的阿斯蒂麝香酒和阿斯蒂起泡酒。

亚历山大麝香这一品种被广泛种植于很多国家，比如法国（酿成甜葡萄酒，由里韦萨特麝香酒和一部分小粒麝香酒混合）、西班牙（酿成各种麝香酒和马拉加酒）、葡萄牙（酿成塞图巴尔麝香酒）、意大利、希腊、突尼斯，甚至是澳大利亚（酿成白戈多酒）。

麝香还能酿出干型酒，比如由莎斯拉葡萄和索米尔麝香葡萄杂交，培育而成的奥托奈麝香酒——一款干型淡葡萄酒，以及阿尔萨斯、匈牙利与其他东欧国家和地区产的甜葡萄酒。

单酿葡萄酒

顾名思义，单酿葡萄酒就是用单一葡萄品种酿造而成的葡萄酒。在美国，至少有 75% 的单酿葡萄酒，而法国则占到了 85%。赤霞珠和霞多丽等有名的葡萄品种为这种葡萄酒的成功做出了突出贡献，它们很容易被新手消费者认可，特别是在盎格鲁－撒克逊国家和地区。在法国，尤其是在朗格多克产区，地区葡萄酒（今天的受保护的地理标识葡萄酒）是单酿葡萄酒的典型。即使单酿葡萄酒都是由单一葡萄品种酿造的，但以原产地命名的葡萄酒酒标上，也不会标明葡萄品种的名称。不过，阿尔萨斯葡萄酒、萨伏瓦葡萄酒、汝拉葡萄酒、都兰葡萄酒和其他麝香葡萄酒除外。而且，现在有越来越多的地区命名葡萄酒的酒标上开始标注酿造的葡萄品种，例如勃艮第黑皮诺酒和卡奥尔马尔贝克酒。

识别

众所周知，小粒麝香葡萄能散发出橙花、玫瑰、葡萄干和异国水果的香气。品尝时还有一种吃新鲜葡萄的感觉。

品尝

朗格多克的芳蒂娜麝香酒、希腊的萨摩斯麝香酒，以及西班牙的马拉加酒、意大利的阿斯蒂起泡酒，都是不错的品尝选择。

白皮诺

发现

源自勃艮第的白皮诺在阿尔萨斯找到了更舒适的家，它可以与欧塞瓦葡萄混酿成阿尔萨斯克莱维内酒，还能用于酿造阿尔萨斯克雷曼酒（起泡酒）。在东欧、意大利、德国甚至是奥地利，白皮诺也会用来酿造甜葡萄酒。

识别

该葡萄酒呈黄绿色，酒体新鲜、柔顺，有水果（桃、柑橘）香。

品尝

你可以品尝阿尔萨斯产区的阿尔萨斯克莱维内酒，以及奥地利的布尔根兰白皮诺酒。

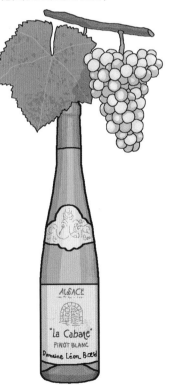

灰皮诺

发现

这个葡萄品种是黑皮诺的粉红灰葡萄的变种。长期以来，灰皮诺和黑皮诺一起合种在勃艮第的葡萄园中。从 17 世纪开始，灰皮诺因为被用来酿造阿尔萨斯特级酒，才逐渐在阿尔萨斯脱颖而出。另外，它还可以酿造干白葡萄酒、半干葡萄酒（晚收葡萄）或甜葡萄酒（贵腐精选葡萄）。

它被广泛种植于德国（特里尔）、奥地利、匈牙利和意大利。在瑞士（瓦莱州的马尔沃瓦西）和美国（俄勒冈州），也有小规模的灰皮诺种植区。

识别

该葡萄酒呈金黄色，口感细腻，有香料的芳香。

品尝

在阿尔萨斯产区，坦恩产的阿尔萨斯灰皮诺特等酒和意大利的科利奥酒，都是不错的品尝选择。

雷司令

发现

雷司令是莱茵河畔最有名的葡萄品种，也是北部地区上乘的葡萄品种。德国的雷司令葡萄种植面积最广，此外，在摩泽尔河谷南部的山坡上，萨尔和鲁维尔两条河流附近，因当地的页岩土壤优势，种植的雷司令也不少。另外，在奥地利、整个东欧地区、意大利（弗留利）、澳大利亚（巴罗莎谷）、新西兰、加拿大以及美国的加利福尼亚州和华盛顿州都有种植。德国的雷司令葡萄可以酿造出干型、半干型和甜型葡萄酒，甚至还能酿造出冰酒（用冬天冰冻天气下生长的冷冻葡萄进行酿造）。同样，在阿尔萨斯，也有非常有名的雷司令葡萄酒，比如城堡山和索模博格都有各自的特等雷司令葡萄酒。

识别

雷司令葡萄酒既有矿物质味，又有果味。果味可能在鲜酿时比较明显，而陈酿时间超过十年的雷司令酒，风味才能达到最佳，因为此时半干型酒和甜型酒中的酸度和甜度达到了完美的平衡。

品尝

在阿尔萨斯产区，阿尔萨斯城堡山的雷司令特等酒，以及德国的莱茵高摩塞尔酒，都是不错的品尝选择。

长相思

发现

这个来自波尔多的葡萄品种非常典型，它有着流浪者的灵魂。在波尔多，长相思能够与赛美蓉和麝香相得益彰，不仅可以酿出两海之间和格拉夫两种干型葡萄酒，还可以酿造出像苏玳这样的甜葡萄酒。在中央高原－卢瓦尔地区，它被称为"烟熏白葡萄"，可以单酿出闻名于世的桑塞尔葡萄酒。在卢瓦尔河谷产区和安茹－绍穆尔产区，长相思可以与诗南或霞多丽葡萄进行混酿。那么在勃艮第呢？在约讷省，长相思能与圣－布里进行混酿。再往南，在普罗旺斯和朗格多克，长相思用于酿造清爽、花果香馥郁的受保护的地理标识葡萄酒。除了这些地方，长相思也种植于世界其他地方，如意大利（弗留利）、智利、澳大利亚以及美国的加利福尼亚州，而且它已成为新西兰（马尔堡地区）的特产，在南非也获得了巨大成功。

识别

用充分成熟的葡萄酿造的长相思葡萄酒，果味宜人。如果你还闻到了黄杨木的气味，则说明用于酿造的葡萄并未充分成熟。

品尝

卢瓦尔河谷的桑塞尔酒、普伊芙美酒、昆西酒、勒伊酒和默讷－图萨隆酒，以及勃艮第的圣布里酒，南非的马尔堡长相思酒，都是不错的品尝选择。

赛美蓉

发现

当阳光明媚的秋天快要结束时，将灰葡萄孢菌和赛美蓉一起混酿，一瓶温润如玉的葡萄酒就诞生了。波尔多和贝尔热拉克的甜葡萄酒产区种植了赛美蓉这一葡萄品种，它能与长相思葡萄成为理想的搭档，酿造出干白葡萄酒（比如格拉夫酒、佩萨克－雷奥良酒）。它也被种植于普罗旺斯（不过当地的葡萄品种比例一直高于赛美蓉），被用来混酿多种葡萄酒。在阿根廷、智利、美国（加利福尼亚州和华盛顿州）、南非，尤其是在澳大利亚（猎人谷葡萄酒是其中的佼佼者），也有赛美蓉种植区。

识别

该葡萄酒呈淡金色，口感圆润，散发着淡淡的芳香，如金雀花、金合欢、柑橘、奇异水果和黄色水果的香气。

品尝

波尔多的格拉夫酒、佩萨克－雷奥良酒、苏玳酒、巴萨克酒，以及西南地区的蒙巴兹雅克酒，澳大利亚的猎人谷赛美蓉酒，都是不错的品尝选择。

识别

该葡萄酒口感顺滑、细腻，散发出果味花香（杏、桃子、白花香调），浓烈馥郁。

品尝

罗纳河谷的孔德里约酒、格里叶酒庄酒，以及美国加利福尼亚州的圣路易斯奥比斯波酒，都是不错的品尝选择。

维欧尼

发现

北罗纳河谷地区的坡地伸向河流，在河的右岸就种植着呈圆形、琥珀色、小颗粒的维欧尼葡萄。尽管这里天气阴沉，葡萄难以种植且产量低，但维欧尼居然幸运地获得了罗纳河谷地区消费者们的青睐，成为这个产区的特色，酿造出高品质的葡萄酒。现如今，很多朗格多克的受保护的地理标识葡萄酒、美国加利福尼亚州和澳大利亚的葡萄酒，都会用维欧尼葡萄品种来酿造。

30 "风土"一词的内涵是什么？

风土，这个词可以说是充满感情的：它蕴含着人们对土地和由这片土地孕育出的特色葡萄酒的热爱，还有人们对精耕细作和对致力于提高品质的生产者的热爱。我们知道，由当地风土孕育出的葡萄酒，是深深植根于当地文化的。

> **风土**
>
> 葡萄种植生态系统的所有因素：土壤、底土、地形、气候、小气候等。

风土越来越被认可

"风土"一词很难翻译成英语，所以，盎格鲁－撒克逊人经常否定这个词的准确性。对他们来说，决定葡萄酒特点的，首先是葡萄品种，然后才是酿酒师的专业技术。而这个曾经在新世界被普遍接受的观点正在逐渐变化，并与欧洲的葡萄种植观念相融合，人们越来越重视风土对葡萄种植的影响。像澳大利亚人一样，美国加利福尼亚人也对他们的土壤进行了大量研究，并开始划定自己的风土，只剩下为自己发明相应的词来表达了。

人们是如何认可风土的

风土这个概念，是如何得到大家认可的呢？

人们一般通过品尝那些普通葡萄品种酿造的葡萄酒来认可当地的风土。因为产地不同，同一葡萄品种酿造出的葡萄酒也不同，这就是当地土壤品质的真实反应。你可以品尝在桑塞尔、两海之间、杜拉斯、朗格多克和新西兰分别酿造的长相思葡萄酒，然后比较一下差异。通过品尝与比较，我们可以区分两种类型的葡萄酒：一种表现出长相思的不同特点，另一种则不然，后者说明芳香馥郁的长相思已被当地的风土驯服了。同样，你也可以在勃艮第的酒庄里，品尝用同一葡萄品种（黑皮诺或霞多丽）酿造，酿造工艺完全一样而品质却不同的葡萄酒，这无疑是最令人信服的证明。

风土的关键因素

土壤

有人说，葡萄树必须受苦，才能"生出"优质的葡萄酒，这个说法不完全对，因为葡萄树必须有足够的营养。土壤可以不够肥沃，但必须保持平衡。土壤里的水分和养分，能被扎进土里的葡萄树根系吸收；土壤里的微生物，也能够促进葡萄树和矿物质之间的交流。所以，土壤本身的化学性质和土壤中所含的微量元素，会最终影响到葡萄酒的味道。不过，最重要的还是土壤的结构，以及土壤自身的水调节能力，这些才是让葡萄品质产生差异的真正原因。

地形

葡萄园天然地与所在的地形有紧密联系。坡地有利于雨水的流动，这样，葡萄树的根就不会一直泡在水中。地形也影响日晒条件，不管是法国西南部还是东南部的葡萄园，都已经证明充

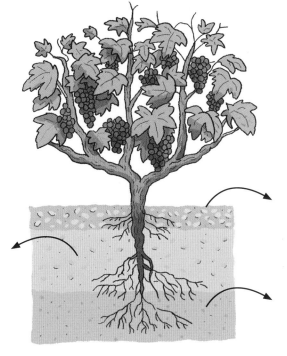

土壤层偏厚，能够或多或少地抵挡暴风雨的侵扰。土壤也能为葡萄树提供水、营养物质和矿物质。

表层土不是风土的典型，不具有代表性。表层的根能够吸收雨水，不过，耕作的时候会除掉这些根。

底土（穿透性有差别），在根部延伸的最深处。如果底土是砂岩，就不可穿透；若底土是石灰石，则可穿透，因为石灰石有裂缝。

足的日晒可以促进葡萄树叶吸收太阳能。另外，一般坡地的土壤比平原的土壤更贫瘠，所以相对来说，山坡上种植的葡萄不够苗壮、产量更低，但质量更好。

气候

这个变量能决定葡萄成熟的条件。热量、光照、降雨量和风都是风土研究必不可少的因素。而且，一旦出现气候灾害，那会给葡萄园带来致命的影响。

风土和人的技艺有什么关系？

如果没有人类，风土永远走不出有潜力却被忽视的地位。种植者会选择合适的葡萄品种，然后开始各种改造行动，比如重塑土壤，或排干土里的水分来改良土壤，或添入有机质以提高土壤的质量。酿酒师也是一样，他们会强调风土的品质，并采取相应行动：或选择特定的种植地块，赋予土壤生命力，让葡萄树深深地扎根于土壤；或降低年产量，保证葡萄能够达到最佳成熟度；或用酿酒工艺充分发挥葡萄的实力。当然，他们绝不会让葡萄酒待在木桶里以至于染上木桶的

历史演变中的风土

在一个遥远的、交通运输极不发达的时代，葡萄产区的诞生与商业发展联系在一起。葡萄树一般种植在河流或港口附近，或大型消费中心附近。波尔多、莱茵河畔、罗纳河谷和夏朗德的葡萄园，就是最好的例子。但随着铁路时代的到来，在经历根瘤蚜灾难后，历史只保留了能够定性葡萄酒的风土，像过去巴黎地区的特大葡萄园已经越来越少见了。

味道。而如果是一位差劲的酿酒师，他可能会用过量的肥料和除草剂进行田间管理，或者放任某一年的葡萄产量过剩（这会降低葡萄酒的品质）。然后，风土被破坏了，他正好可以以风土不好为由向批评者辩解。

有名的风土有哪些？

同一个家族里的风土，气候差异会导致截然相反的风格，如香槟酒和赫雷斯酒都产自石灰石土壤，然而两者差异巨大。对于葡萄树来说，不存在首选的土壤类型，却存在对葡萄树生长有

利的风土。我们可以把风土分为葡萄酿造风土（葡萄藤上的果实能够自然成熟）和受"帮助"的人工风土（需要人工灌溉等工作），以下介绍几种有名的风土。

沙砾土

典型的沙砾土位于波尔多的梅多克产区，其代表性的葡萄酒有：玛歌、圣－朱利安、波亚克、圣－埃斯泰夫、莫里斯－昂－梅多克、利斯特拉克－梅多克、佩萨克－雷奥良、格拉夫。

梅多克最开始只是一个碎石岛，周围都是臭气熏天的沼泽地，直到17世纪，在荷兰工程师们的努力下，排干了梅多克地区的水分，才形成今天的样子。在梅多克和格雷夫产区的沙砾土，是混有沙子和黏土的一种土壤，它能提供足够的太阳热量。土壤贫瘠，过滤能力强，这都有利于赤霞珠的生长。而砾石层的厚度及土壤的贫瘠程度，往往可以决定最终酿造出的葡萄酒品质。这里如此优越的沙砾土是如何形成的呢？它形成于（地质）第四纪，由河流（加龙河、多尔多涅河和其他古老的河流）冲击而成，此外，在大冰川融化时期，这些河流还从比利牛斯山、中央高原带来了石英和花岗岩元素。在远距离的流动过程中，这些细密的元素，沉积在河流左岸的石灰石基底上，并随着水的侵蚀而被重塑成小山丘。我们可以区分这两种风土：在上新世时期，由比利牛斯山脉的砾石形成的风土；在昆茨时期，形成的离我们比较近的加龙河风土。

黏土—石灰石土

典型的黏土—石灰石土位于波尔多的利布尔讷产区，西班牙的里奥哈也有这类土壤，其代表性的葡萄酒有：圣埃美隆、弗龙萨克、卡斯蒂永－波尔多丘。

黏土—石灰石土比沙砾土更凉爽，为利布尔讷的梅洛酒、里奥哈的丹魄酒增添了清爽感。此外，山坡地形也会影响所孕育的葡萄质量。

黏土—砾石土

典型的黏土—砾石土位于波尔多的波美侯产区。

这类土壤展现了品丽珠的细腻，调和了梅洛酒的醇厚，大大提升了葡萄酒的级别。著名的佩特鲁斯产区几乎全是黏土土壤，且带有一点儿坡度。

"风土"一词的内涵是什么?

石灰石—泥灰土

典型的石灰石—泥灰土位于勃艮第伯恩丘产、夜丘、夏隆内和马贡产区。

陡峭的坡地,朝南或朝东南的日晒条件,石灰石—泥灰土土壤,这些条件都非常有利于黑皮诺和霞多丽的种植,因而产出的葡萄酒独具特色,难以复制。

花岗岩风化沙土

典型的花岗岩风化沙土位于北罗纳河谷,其代表性的葡萄酒有:圣－约瑟夫、科纳斯和埃尔米塔日。

明显的坡地,朝东南方向的日晒条件,能够过滤的土壤,这些赋予了西拉特有的细腻和芳香。不过,西拉一旦种植在更南的地方,就会呈现完全不同的特点。

板岩土

典型的板岩土位于罗纳河谷的摩泽尔、朗格多克和班努列产区,以及西班牙的普里奥拉、葡萄牙的杜罗河谷。

保暖而稀薄的板岩土非常利于摩泽尔产区的雷司令成熟。在鲁西永等地区,这种土壤能使歌海娜酿造出优质的葡萄酒,葡萄牙杜罗河谷的葡萄品种也很"喜欢"板岩土。

石卵土

典型的石卵土位于南罗纳河谷,其代表性的葡萄酒为教皇新堡酒。

石卵土的土质温度高,还能够反射光,因而有人说,这里的葡萄生活在"两个太阳"下。歌海娜和西拉葡萄都在这里聚集。

白垩岩土

典型的白垩岩土位于香槟地区和西班牙的赫雷斯。

这些能够过滤的土壤,得益于有规律的水储备。这种土壤能使黑皮诺和香槟地区的霞多丽充分成熟,酿造非常细腻的葡萄酒。在(西班牙南部的)安达卢西亚地区,帕洛米诺(也叫丽诗丹)白葡萄品种只有扎根于此,才能酿造出与众不同的葡萄酒。

砂岩土

典型的砂岩土位于阿尔萨斯的盖布维莱尔产区。

❶ 沙砾土
❷ 黏土—石灰石土
❸ 板岩土
❹ 石卵土
❺ 白垩岩土

阿尔萨斯的土壤种类繁多,其中,雷司令、灰皮诺和琼瑶浆之所以如此出色,得益于当地的砂岩土壤。另外,该地带倾斜的地形和良好的日晒条件,也是决定其风土质量的因素。

美国加利福尼亚州的火山地区,尤其是加那利群岛(特别是兰萨罗特岛)也有该类土壤。

赤霞珠能够在这种轻盈、过滤性好的土壤里表现出真正的个性。当然,肯定还要考虑当地的气候因素,这样才能确定适合种植于加利福尼亚州各产区的葡萄品种。如果将近六个月都没有降雨,那就必须给葡萄园进行灌溉了。

风土和葡萄品种
最有名的搭配组合有哪些?

葡萄园里有一些几乎可以说是神话般的组合——特定的土壤和葡萄品种在适合的气候条件下的组合。只需要适宜的葡萄种植方法,并采

"风土"一词的内涵是什么？

用尊重本性的酿酒工艺，这些组合最终能酿造出有着强烈个性、无与伦比的葡萄酒，和谐地表达出风土与葡萄品种组合的魅力。

沙砾土和赤霞珠

赤霞珠有着强烈的芳香个性和非常独特的结构特点。它本身产量较高，能够经受住木桶陈酿，这些因素都使赤霞珠深受消费者们的青睐。它也是个十足的旅行家，生存适应能力强，能够在各个地方酿造出优质的葡萄酒。但它只有在特定的风土环境里，才能展现独有的细腻和高贵。

赤霞珠是一种晚熟葡萄品种，需要温暖、过滤性好的土壤才能充分成熟。在吉伦特河左岸的沙砾土壤里，在海洋性温带气候条件下，既有热量，又有稳定供给的雨水，赤霞珠在这里找到了自己理想的扎根条件。一方面，沙砾土可以轻松地疏散雷暴雨中的雨水；另一方面，底土中、从老树藤那里留下来的黏土或石灰石土，可以保存住雨水，防止葡萄树受到干旱的侵袭。

相反，如果在利布尔讷，特别是在圣埃美隆和波美侯产区，赤霞珠在更冷的黏土—石灰石土或完完全全的黏土里生长，则很难达到完全的酚类成熟。只有在一小片沙砾土产区（比如白马酒庄、飞卓酒庄、乐王吉酒庄和其他特等酒庄），采用合适的种植技巧，才能酿造出独一无二的名品葡萄酒。此外，这种葡萄酒的成功，取决于温暖的气候，但又不能太热，因为热量既能使赤霞珠变得醇厚，也可能使之消耗过多的水分而影响葡萄的香气，甚至让它失了高贵。

黏土和梅洛

和赤霞珠相比，梅洛更早成熟。由于梅洛成熟快，产量大，因此，可以把梅洛种在更冷、更潮湿的土壤里。而如果土壤干燥，结出的葡萄颗粒就会很小，所以在梅多克产区，人们只保留了富含黏土的圆丘。在利布尔讷，最适合梅洛的土壤就是黏土—石灰石土壤，那里（尤其是在石灰岩高原边缘）的葡萄有着特有的细腻感。波美侯产区的黏土土壤清凉，且能高度锁水，可以延缓葡萄成熟的速度，所以这里出产的梅洛葡萄酒，和其他地方的相比口味更丰富。这一组合中，也有不少非常适合陈酿的葡萄酒，它们能将葡萄酒的圆润、柔软度和芳香度完美地结合起来。

板岩土和歌海娜

歌海娜既是一种适应能力最强的葡萄，也是

"风土"一词的内涵是什么？

一种适应能力最弱的葡萄。它非常适合干旱的气候，可抵抗强风，只要把歌海娜贴地修剪成高脚杯的形状，就算遭到密史脱拉风的侵袭，它也能安然无恙。在罗纳河谷，种植在卵石土壤里的歌海娜，如果降低产量，就能酿造出非常优质的葡萄酒，比如教皇新堡酒和吉恭达斯酒；但如果产量提高，酿造出的葡萄酒酒精度就会偏高，且不够细腻稳定。歌海娜还可以种植在过滤性好的板岩土壤里，酿造出非常优质的葡萄酒，比如在鲁西永、莫里和班努列，它能酿造出口味丰富的天然甜葡萄酒。在西班牙加泰罗尼亚的普里奥拉，它也能酿造出高品质的干红葡萄酒。不过，它的主要缺陷是易于氧化，所以需要与还原性的葡萄品种（如慕合怀特、西拉或佳丽酿）一起混酿。

白垩土和霞多丽

最好的霞多丽大部分产自凉爽气候下的石灰石土壤，因为凉爽的气候可以保持土壤的酸度，而这种土壤又是保证定期供水的关键。霞多丽生长在这样的土壤里，能减缓成熟速度，有利于形成细腻的芳香因子。所以，香槟地区有些"紧张"的葡萄品种，也因为白垩土（一种寒性石灰岩）而变得非常适合酿造起泡酒。在有着石灰石和泥灰岩的勃艮第，自北向南（从最北的夏布利到最南的马贡）气候逐渐变暖，因而这里的霞多丽果实最纯正，具有强烈的个性，酿造的葡萄酒酒体丰满浓烈，非常适合陈酿。在利穆赞（朗格多克大区）退化的硬质石灰岩土壤里种植的霞多丽，其酿造的葡萄酒也反映了该地区的气候变化。气候炎热时，土壤里的酸度严重不足，酿造出的葡萄酒口味偏腻。为了更接近勃艮第的葡萄酒，新世界的霞多丽要经过苹果酸—乳酸发酵并放入桶中陈酿。对于初次饮用的消费者来说，霞多丽有黄油和吐司的香气，这是经过陈酿后才有的香气。

花岗岩土和西拉

西拉适合种植在两类土壤里：花岗岩土（分布于罗纳河谷的埃尔米塔日、圣-约瑟夫、科尔纳斯）和页岩土（分布于罗纳河谷的罗蒂谷、朗格多克的福热尔、鲁西永）。这些土壤颜色灰暗，可以储存热量；渗透性强，能够吸收多余的水；贫瘠，可以防止西拉产量过剩；加上北罗纳河谷中非常陡峭的山坡，有利于减缓西拉自身的成熟速度，进而酿造出成熟、芳香、细腻的葡萄酒。在这样的土壤条件下，葡萄里的大量单宁会增强葡萄粒表面的光滑度。而在其他土壤里，特别是气候偏暖的地方，西拉本身的香气会被灼烧殆尽。

南北半球，各种气候环境里都能种植葡萄，不过，最好的气候环境还是温带气候。如果说在过去，葡萄更偏爱地中海地区，那么现在，葡萄已经能够适应不同的生长条件了。人们通过对地形、河流和森林的保护，以及对高海拔地理环境的分析，为葡萄找到了新的宜居之地。

什么是葡萄种植气候？

葡萄种植气候，指的是特定葡萄酒产区里自然条件的统计数据概括。这与某地的气象学气候是不一样的。葡萄种植气候的定义标准包括：

- 每月的最高和最低平均温度。
- 累计温度之和。这个数据可以用来了解葡萄的成熟度。
- 月平均降水量。
- 风况，即风的强度和风向。
- 起雾、起霜和下冰雹的平均天数。这些平均值是通过长期（通常为 30 年）计算得出的。

葡萄种植气候有哪些？

海洋性气候

地区：蜜思卡岱、安茹、波尔多、西南地区、西班牙加利西亚、葡萄牙。

海洋性气候温度适中，能保证葡萄成熟；降雨量大。在波尔多，葡萄酒年份的好坏，取决于秋分时降雨的多少。

大陆性气候

地区：香槟地区、勃艮第、中央高原、德国、奥地利、匈牙利。

大陆性气候冬季寒冷，夏季炎热干燥，有时会有海洋暖湿气流入侵。如果葡萄种植地区海拔高，则可以削弱大陆性气候高温的影响。

地中海气候

地区：普罗旺斯、朗格多克－鲁西永、南罗纳河谷、西班牙、意大利、希腊、马格里布、美国北加利福尼亚州、南非、智利瓦莱中部、南澳大利亚。

我们可以将地中海沿岸分为北岸和南岸。北岸地区，冬季和夏季会经历两个干旱期；南岸地区，夏季则会出现严重的干旱，只能期待几场雷暴雨带来水分。葡萄本身是"能屈能伸"的，但有时还是会因为缺水而受到影响。

山地气候

地区：皮埃蒙特、朱朗松、汝拉、萨伏瓦省、瑞士。

高海拔能够影响总体气候，这种气候下，最好把葡萄种植在坡地上，这对葡萄的良好生长至关重要。

微气候

在特定的气候产区里，各个产区都有自己当地独有的气象特征，这个叫微气候。海拔、坡度、风、土壤性质，以及附近是否有含水层、森林、山地，这些都是影响特定地区葡萄生长的因素。没有苏玳的希龙河，就不会有苏玳甜葡萄酒；没有焚风（春秋季刮的一种干热风）的影响，朱朗松也不能产出甜葡萄酒。最典型的例子就是阿尔萨斯了，那里有孚日山脉这一天然屏障，能够阻挡来自大西洋的潮湿的风，并把降水阻隔在孚日山脉的西侧。这样，阿尔萨斯产区便成了法国最干燥的葡萄园之一，科尔马的降雨量比佩皮尼昂还少！

看环境指标，收获好年份的葡萄

千万别忘记葡萄树是两年生植物，第一年的天气状况会影响后一年的生长周期，特别是在葡萄"出产"上。要想年份好，你需要留意几点气候指标情况：寒冷的冬天，有利于葡萄藤的木质化，杀死葡萄园里的害虫和病菌；受欢迎的春雨，可以增加土壤中的水量储备；6月，花的授粉必须在适中的温度下进行，尤其要避开雨水，否则花就会"流产"，结不出果实或部分果实僵化（颗粒太小）；从4月到7月，葡萄树都需要定期供水，而且适度的高温和大量的日照时间可以保证葡萄粒合成出上好的颜色；8月，在葡萄开始成熟后，最好有一段相对干燥的时期，但也不能出现缺水的情况；白天温度高，可以加速成熟进程，昼夜温差决定了其成熟度是否匀称。关于葡萄采摘时机，强烈建议在干燥的天气下进行，如果最后还能来一阵风吹在葡萄藤上，葡萄的糖分就会增加，达到峰值；如果遇到春季的霜冻或冰雹等天气灾害，则会危害一个本来不错年份的葡萄质量。总之，我们可以用各种气候指标来认识当地的气候情况，然后根据气候的差异对各年份葡萄酒的质量进行分类。

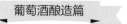

葡萄酒酿造篇

适 宜 的 气 候 对 葡 萄 生 长 有 多 重 要 ?

在瑞士瓦莱州，葡萄种植在山坡上，刚好可以利用太阳直射角度来享受阳光。

发酵是一种自然自发的现象。你只需要静静地观察葡萄,一段时间后它就会开始"沸腾"、加热,然后味道变得没那么甜,逐渐变成新鲜葡萄汁……其实很多食物都是发酵而成的,如面包、奶酪、啤酒。

发酵
> 发酵是酵母将糖转化为酒精和二氧化碳的有机过程。

酵母和糖

发酵需要酵母(一种微生物菌)和可发酵化合物(尤其是糖)的细菌。这些糖是什么呢?它既可以是果糖和葡萄糖,也可以是谷物淀粉,如大麦就是通过酶转化为糖的(啤酒的酿造原理)。

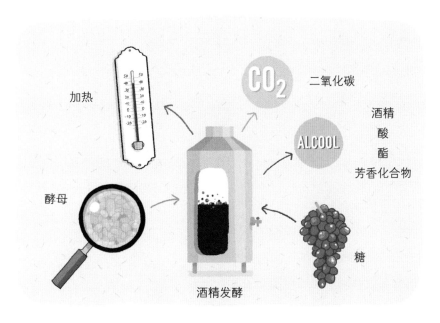

葡 萄 酒 是 如 何 发 酵 的 ？

有哪几种发酵

我们可以将酵母发酵与细菌发酵区分开来，此外还有病原菌发酵产生的理想发酵。酒精发酵（用酵母）和乳酸发酵（用真菌）是常用的发酵方法，这两种发酵方式都会改变葡萄酒。如果是酶（蛋白质）在细胞内起作用，那就是我们说的细胞内发酵了。

酒精发酵

这是酵母将葡萄中的糖分转化为酒精的过程。盖伊·卢萨克曾制订出一个发酵方案：糖 ⇒ 乙醇 + 二氧化碳。这个方案虽然能表现出糖的转化，但无法确定发酵过程中产生的其他物质。要知道，正是这些隐藏在葡萄里的次要物质造就了葡萄酒的特色——香气、甘油、酸、酯和高度酒精。

乳酸发酵

这是葡萄中的苹果酸的转化过程——通过真菌的作用，口感生硬的苹果酸转化成口感柔和的乳酸，并释放出二氧化碳。这种二次发酵能够降低葡萄酒的酸度，有助于保持葡萄酒的

这些人揭开了发酵的谜底

• 1789 年，安托万－洛朗·德·拉瓦锡（《化学概要》）鉴定了二氧化碳。

• 1815 年，路易斯·约瑟夫·盖伊·卢萨克写出了酒精发酵的方程式。

• 1835 年，物理学家卡尼亚尔·德·拉图尔和植物学家特平鉴定了发酵现象中的酵母。

• 1863 年，路易·巴斯德将酵母的作用与真菌的作用区分开来。他发现有害微生物可以通过加热而被杀死，这称为"巴氏杀菌法"。

• 1950 年，让·里贝罗－盖永和埃米尔·佩诺（波尔多大学）一起解释了乳酸发酵过程。

稳定，并改变它的芳香、色调。一般来说，这种发酵过程只用于红葡萄酒的发酵，不能用于白葡萄酒。有时，这种发酵过程会受到人们的追捧，例如在勃艮第地区；有时，人们又避之不及，因为在发酵白葡萄酒时，它可能因为高酸度和硫的添加而被完全破坏。并且，这种发

酵必须在装瓶前进行，以免破坏酒的品质。我们也可以通过接种选定的真菌，在高温环境里触发这种发酵过程。

发酵是怎么进行的？

酵母种类繁多，形式各异，但是不管哪一种，酵母都能发挥自己的作用。如果酵母有充足的空气，环境温度也适合，就能很好地完成发酵工作。如果发酵过程中突然遭受寒流或热浪袭击，那将是致命的。

发酵速度的快慢取决于温度和酵母的活性。每升葡萄果汁，需要 16.2～18g 糖才能产生一定程度的酒精。

用好酵母

除了那些在葡萄藤上有过多处理的葡萄，一般来说，葡萄皮中都天然富含酵母，它通过果霜（葡萄皮上的白色细薄膜）来固定。这些酵母种类繁多，有的能酿造出品质优良的葡萄酒，有的却会影响葡萄酒的口味。毕竟大自然的东西并非都是有利的，虽然这样说可能会引起卢梭及其崇拜者，以及其他有机主义者的反感。

只有酿酒酵母（也用于面包和啤酒的生产）能够保证充分发酵，因此，只需要保留酿酒酵母，再添加低剂量的硫（二氧化硫），就可以开始酿酒了。

酵母的另一种来源是从酿酒厂的酿酒酵母菌株里接种，这种酿酒酵母繁殖能力非常强。人们还可以在实验室中培育出酿酒酵母，脱水后拿出去售卖。这些精选酵母，也叫"活性干酵母"（LSA），使用安全，且发酵迅速。它们因自身的特殊性和酒精转化能力而被选中，有些精选酵母还可以极大地改变葡萄酒的芳香和色调，使之带有淀粉的香气（英式糖果、香蕉）。有时，一些所谓的高科技葡萄酒就很喜欢加入这种淀粉香气。

以适宜的节奏发酵

快速发酵会产生更少的次要化合物和挥发性酸，但如果速度太快，就会让葡萄酒失去果香味。相反，慢速发酵能增强葡萄酒口味的复杂性，不过也有偏离口味、产生氧化的风险。为了减缓发酵速度，酿酒师会为入窖葡萄准备一个酿酒桶，里面装有少量正在发酵的葡萄汁，以便给其他酿酒桶里的葡萄汁进行发酵接种。

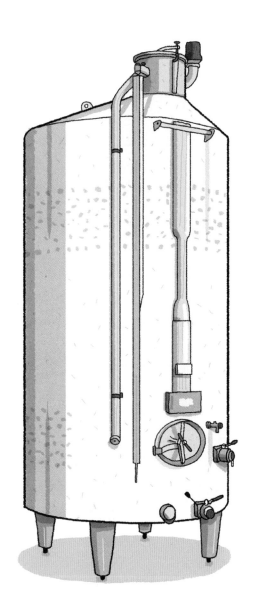

不管怎么说，必须从一开始激发酵母的繁殖活性，这样才能抑制真菌。发酵开始后，还要通过从酿酒桶里取出葡萄酒的方式来放入氧气，或者通过添加含氮的营养素（如铵盐或维生素）来提供氧气。一开始，富含糖分的地方对酵母的工作有益，但是随着发酵的进行，形成酒精后，它又会放慢甚至停止酵母的活动。当发酵停止时，葡萄汁中仍然存有糖，真菌可以自由地把剩余的糖转化为挥发性酸。总之，酿酒师应注意按合适的节奏来把握整个发酵的过程。

如何跟踪发酵的进度？

这可以通过定期测量每个酒桶里葡萄汁的温度和密度（糖含量）来进行。酒库主管会绘制一张葡萄酒酿造的跟进图表，在同一张图上对照温度和密度两个参数的变化，其目的在于酿造出一种几乎不含可发酵糖的葡萄酒，要知道，干型葡萄酒残留的糖分，每升要少于 4g。整个酿造过程都需要经过实验室的分析证实。

在适合的温度下发酵

发酵过程伴随着热量的释放，导致葡萄汁温度上升。如果温度超过 35℃，则有必要停止发酵。所以，温度的调节是发酵成功的一个决定性因素：对于白葡萄酒来说，发酵时，温度最好低于 18 ~ 20℃，以保持芳香度和清新度，避免产生厚重的芳香化合物；对于红葡萄酒来说，温度要在 28 ~ 32℃之间，这样才能提取出酚类化合物——染色剂和单宁。在北部地区，当酿酒师把从寒冷的室外采摘的葡萄带进酒窖时，有时他会先加热酿酒桶，再开始发酵。

如何控制好温度？

温度升高一直是酿酒师的噩梦，因为酿酒过程中，温度升高甚至会破坏像 1982 年那样享有盛誉的年份葡萄酒！在过去，应对温度升高，唯一的解决方案就是将发酵中的葡萄酒倒入另一个空的、温度更低的酿酒桶里，再在原来的酿酒桶中加入冰块，或者向桶的表面泼水。现在，温度控制（温度调节）的方法变得越来越多样化，人们可以用管状的水热交换器在酿酒桶外冷却葡萄汁，还可以在桶内加一些冷却液线圈，现代的不锈钢酿酒桶也有类似的冷却装备。我们制造的终极设备要达到随意循环热水或冷水的目的，该调节方式虽然可以实现自动化和信息化，但是酒库主管的时刻跟踪仍是不可或缺的。

酿造工艺的修正

北部和大西洋沿岸的葡萄园，每年都经历着明显的气候变化。日晒不足，会导致葡萄难以成熟，葡萄粒的糖含量不足。酿酒时在葡萄汁中加糖，可以提高葡萄酒的酒精度。但根据欧盟的规定，地中海沿岸的葡萄园是禁止酿造这种"人造"酒的，除非是在气候条件非常不利时，这种酿造方式才会在一定范围内被授权。其实，除了加糖，我们也可以加入精制的浓缩葡萄果汁（葡萄汁脱水制成的纯糖浆），或者添加脱酸。当葡萄果汁被稀释后，还可以应用多种浓缩汁的技术（例如反渗透）。而在南部的葡萄产区，有时不得不先酸化葡萄再开始酿造，因为如果葡萄的酸度不够，酿造出的葡萄酒就会偏软，口感不好。

33　葡萄酒里必须加入硫吗？

　　自古以来，人们就知道硫具有防腐性。但在中世纪，酿酒师们居然忘了使用硫，因而没有酿造出具有陈酿能力的葡萄酒，因此每年新上市的葡萄酒销售价格自然会比前一年的价格高。直到 17 世纪，荷兰商人以浸硫布条的方式，在葡萄酒中引入了硫元素。

硫在葡萄酒中的功效

　　硫具有防腐性，能抑制酵母甚至是真菌，同时它也是抗氧化剂。由于二氧化硫可溶于水，它还有助于提取葡萄皮中所含的色素、单宁和香气。

什么时候添加硫？

　　我们把在葡萄、葡萄汁或葡萄酒里添加硫的过程称为二氧化硫处理。在葡萄粒中添加硫，可以消除醋酸菌（存在于腐烂的葡萄里），并防止过早的发酵。在葡萄汁里添加硫（通常以 50mg/L 的剂量），能够帮助选择合适的酵母，并抑制真菌。硫还可以帮助酿酒师中断酒精发酵，以保留大量的残余糖分，酿造出甜葡萄酒。

　　乳酸发酵后，加入硫可以杀死任何残留的酵母或细菌，并防止葡萄酒氧化。酿酒师在陈酿期间，为了防止葡萄酒氧化，也会在每次滗酒或者装瓶前，再添加一些硫。如果是在桶里陈酿的话，硫会以气态的形式添加，而很少以液态形式。加硫的关键在于要根据葡萄汁和葡萄酒的类型来均匀分配硫的添加量：干红葡萄酒为 160g/L，白葡萄酒或桃红葡萄酒为 210g/L，半干或甜葡萄酒为 300~400g/L。

能不能不加硫？

　　还有其他东西可以帮助葡萄酒防腐并且抗氧化吗？其实出现过其他具有类似作用的物质，但硫依然是无法取代的。比如山梨酸，它可以作用于酵母，阻止葡萄酒发酵，但滥用山梨酸会产生令人讨厌的天竺葵香气；抗坏血酸或维生素 C

葡 萄 酒 里 必 须 加 入 硫 吗 ？

也能添加到葡萄酒中（绝不能加入葡萄汁里），不过只能防止氧化。在有机葡萄酒酿造规范里，二氧化硫的剂量只是略有降低：干红葡萄酒、白葡萄酒和桃红葡萄酒都只是降低了 60g/L，其他类型的葡萄酒则是 30g/L。或者我们可以尽早在采摘下来的葡萄中均匀添加含量很低的硫元素（仅仅以预防疾病为出发点），严格保持酒库里的卫生条件，并对葡萄酒采取各种程度的抗氧化措施，这些做法是可行的。自 2005 年以来，欧洲已经立法规定：每瓶葡萄酒的硫含量至少要 10mg/L，且标签上必须标注"含二氧化硫"字样。

含二氧化硫

我们应该支持还是反对添加硫呢？

一方面，硫有异味吗？是的，硫具有一些特殊气味，如果品尝者敏感，是可以感受到的，比如喉咙发痒时就能感知到硫的存在。硫有毒吗？是的，根据世界卫生组织的数据，如果每日摄入硫的剂量远远高于（甚至过量）葡萄酒的摄入量，肯定会发生硫中毒（尽管人们在消化其他食物而产生的二氧化硫总量，都高于葡萄酒中所含的二氧化硫总量）。不论含量多低，硫在敏感人群中还是会引起偏头痛。这些理由使人反对在葡萄酒中添加硫。

另一方面，如果说添加了过量的硫就会改变葡萄酒的味道，那某些不含硫的葡萄酒（二氧化硫含量非常低甚至根本不含硫）更容易影响葡萄酒的味道，导致走味、氧化甚至是腐烂。因为硫的缺失会影响葡萄酒的保存，使葡萄酒受到酵母或真菌的影响，葡萄酒的挥发性酸度增加，酒香酵母菌也容易侵袭。这些理由又使人支持在葡萄酒中添加硫。

34 什么是浸渍？

浸渍可以在传统发酵之前、之中或之后进行，是葡萄果汁与葡萄的固体部分（葡萄皮和葡萄籽）一起长时间的浸泡过程。浸渍主要涉及红葡萄酒的酿造，通过浸渍，人们能酿造出颜色最多的、单宁最优质的葡萄酒。另外，优先考虑的浸渍方法，也有益于白葡萄酒芳香色调的生成。根据所选浸渍方法的不同，最终转换的方式也有差异。在浸渍阶段，酿酒师就可以决定自己未来要酿的葡萄酒风格了。

浸渍的时间长短不一

把葡萄的固体部分浸入葡萄汁，可使其生成更多含酚类和芳香族的化合物。浸渍时间的长短有差异，淡红葡萄酒浸渍几天就行，而陈酿熟葡萄酒则需要几周时间。浸渍前，酿酒师必须先提取出葡萄籽，而有涩味的单宁则要保留。不过，如果采摘的葡萄质量欠佳，就算发酵时间再长，也酿造不出优质的葡萄酒，相反，这只会让其缺点暴露无遗。

不顾一切地追求色泽

在寒冷地区，有时发酵之前，必须等很长时间，所以我们会提前很长时间就开始冷浸渍。

如今，我们可以自愿选择把酿造桶（5～8℃）里的红色浆果冷却几天，然后再升高温度，开始发酵，这样可以尽可能多地提取颜色。还有一种最新的技术——闪电泄压，即将葡萄先放在70～90℃的环境里加热，再通过泄压的方式迅速冷却葡萄。这样处理后的葡萄酒，有着更丰富的颜色，且结构紧密。在酒精发酵之后、乳酸发酵之前，酿酒师还可以通过重新将装有葡萄汁、葡萄榨渣的酿造桶加热到40～45℃的方法（时长为12～36h），来进一步提取里面的成分。这种最后阶段的热浸渍，可以酿造出颜色鲜艳、单宁浓厚的葡萄酒，只是不够细腻。

二氧化碳浸渍法

有一种比较原始的浸渍方法——二氧化碳浸渍法，即把整个红葡萄粒（没有破碎的）放在加了二氧化碳的酒桶里。这样，在果内甚至是细胞内就开始进行发酵活动。与此同时，还会产生特定的香气（随葡萄品种而异）和少量酒精。但是，这里进行的发酵不是酵母引起的发酵，而是酶（即蛋白质）引起的。几天后，颜色会慢慢扩散，且开始散发诸如香蕉或英式糖果之类的戊基香气。然后再进行葡萄压榨，果汁便开始进行酒精发酵。由于二氧化碳浸渍法需要完整的葡萄粒，不能破碎，所以手动采摘至关重要，运送葡萄时也必须万般小心，需要经传送带送至酒窖。

薄若莱浸渍法

薄若莱浸渍法也被称作"半二氧化碳浸渍法"，适用于部分葡萄品种。这个过程中，二氧化碳气体并不是向酿酒桶里注入的，而是直接来自发酵本身。桶中的所有葡萄都浸在这种果汁里，并迅速破裂。酿酒桶底部的葡萄汁通常会先发酵，而桶顶部的葡萄依然保持完整，并开始在果内发酵。温度调节很重要，温度越低，形成的戊基芳香化合物就越多。这种浸渍法广泛应用于薄若莱新酒的酿造，也用于酿造陈酿葡萄酒，如佳丽酿（朗格多克地区的葡萄品种）。而且，这种方法能产生非常高级的芳香物质，这是经典酿酒法无法做到的。

白葡萄酒可在发酵前浸渍

一般说来，白葡萄是没有必要浸渍的，因为白葡萄酒不需要颜色和单宁。但是，如果我们想尽可能多地提取出葡萄皮里的芳香物质，就可以在发酵开始前，将葡萄皮和葡萄汁一起浸渍，这就叫发酵前浸渍，也叫葡萄皮浸渍。这种方法只能用于健康、成熟的葡萄，而且要在寒冷或常温环境下浸渍8~24h。浸渍前要把葡萄划开，取出果梗（避免浸渍果梗而产生草药味），再轻轻挤压使葡萄破裂。然后加入少量的硫到酒桶里一起浸渍。这种浸渍方法，可以使葡萄酒变得浓稠、柔和、果香馥郁，适合长时间陈酿，同时又能强化葡萄本身的特点。葡萄皮浸渍时也会影响葡萄酒的品质，使葡萄酒的口味变得过于复杂而苦涩，因而并不是所有的葡萄品种都适合发酵前浸渍。

35 如何压榨葡萄?

压榨的秘密在于温和提取,即合理地提取葡萄汁液,最重要的是舍弃最后一次压榨中所产生的植物汁液。这个过程中,人的技艺胜过葡萄本身的质量。

挤压葡萄不等于压榨葡萄

有的人会用脚踩葡萄的方法进行挤压,这就是压榨葡萄吗?当然不是,这只能算挤压葡萄,使葡萄粒破裂,但不会压碎种子。如今,挤压葡萄已经可以使用挤压机(带凹槽的滚筒,有时与减震器相连)自动化完成。挤压通常在压榨之前进行,但不是一个必需的步骤。比如酿造薄若莱酒时,发酵的是完整的佳美葡萄,不需要先进行挤压。压榨之前,酿酒师会倒出从挤压机里最先流出来的葡萄汁,这个过程叫沥水,倒出来的叫自流原酒。

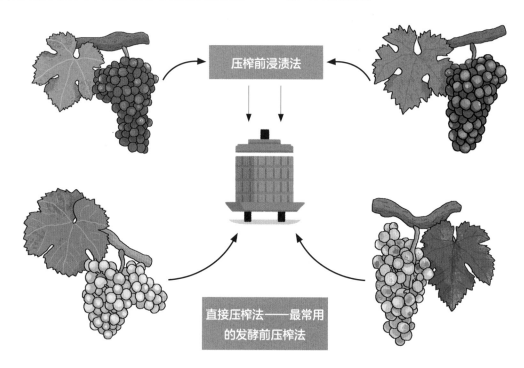

压榨前浸渍法

直接压榨法——最常用的发酵前压榨法

白葡萄酒：发酵前压榨

酿造白葡萄酒时，挤压过后剩下的葡萄要进行压榨，以便提取出葡萄汁，去除杂质（葡萄皮、葡萄籽和果梗），因为这些杂质可能会有不需要的单宁和植物口味。或者也可以直接对整个葡萄果粒进行压榨（不仅仅是挤压），只保留压榨过后质量更好的原浆果汁。

红葡萄酒：发酵中或发酵后压榨

酿造红葡萄酒时，酿酒师会打开混酿桶的阀门，收集液体部分（即自留原酒），然后只对剩下的固体部分（葡萄榨渣）进行压榨，这样就可以提取出单宁丰富的葡萄汁液——压榨葡萄酒。压榨是一个重新翻制的过程，需要人手动用铲子或机械操作来进行，具体方式取决于压榨的类型。有时候酿酒师会在压榨葡萄酒的基础上再添加少量的自留原酒，以增强风味；有时候也会干脆舍弃压榨葡萄酒，毕竟它的纯度比较低。至于舍弃的葡萄榨渣，可以进行蒸馏，或作为葡萄园中的堆肥回收利用，或用于榨葡萄籽油，甚至是制作化妆品。

压榨机的种类

• 立式压榨机

立式压榨机是中世纪的螺旋压力机或杠杆压力机的继承者。尽管压榨机经历了巨大的变革，但香槟地区的人依然在使用这种压榨机，有名的利布尔讷葡萄产区酒庄（比如柏图斯酒庄）也在使用，它能够很好地分离出葡萄果汁。这种压榨机最初是由木头制成的，而现代化的立式压榨机则由不锈钢制成。

• 卧式压榨机

卧式压榨机主要用于（红）葡萄榨渣，它能够提取出浑浊的汁液。这种压榨机以两块木板作为盖子，可以进一步压碎葡萄榨渣。因为压榨出的颜色效果特别好，所以广受人们喜爱。

• 气动卧式压榨机

气动卧式压榨机可以确保压榨用力小，并且提取出更清澈的葡萄果汁。在混酿桶内部，会有一种薄薄的膜开始膨胀，并让葡萄被挤压在穿孔的壁上。不过，这种压榨方法需要由计算机编程后再进行。

36 混酿桶酿造和橡木桶酿造，哪个更好？

混酿桶是由木质、混凝土或不锈钢制成的大容量容器，而橡木桶的容量相对更小（225L）。尽管红葡萄酒几乎都是在混酿桶中进行发酵的，但白葡萄酒则为酿酒师提供了更大的自由度——他们可以根据葡萄的质量和所需的葡萄酒风格，选择是用混酿桶还是用橡木桶。

混酿桶的利与弊

利

• 成本低，而且混酿桶适用于任何质量等级的葡萄酒酿造。如果酿造廉价的白葡萄酒，混酿桶是最佳的选择。

• 能够控制发酵温度。混酿桶配备了装有冷却液的循环系统——不锈钢桶里有不锈钢环，木制和混凝土制的混酿桶里有桨或线圈。温度控制得好，就可以保留住各种发酵前和发酵后的香气，以及葡萄酒的果香味。

• 保证原有葡萄香味的纯正。一般木制的混酿桶不会把自身的木质香气传递到葡萄酒里，除非这个木制混酿桶是全新的。

弊

• 大容量的混酿桶可能会导致发酵过快。因而如果要酿造高品质的葡萄酒，最好选择小容量的混酿桶。

橡木桶的利与弊

利

• 小容量酿造桶可以确保发酵反应更温和。

• 木材会散发出构成白葡萄酒香气的特定香气和单宁。

• 木材会使葡萄酒更醇厚，增添甜味。

• 在橡木桶中发酵之后，可以自然而然地开始陈酿，酒渣小而少，也无须进行新的搅拌。

弊

• 成本高。

• 即使酿酒厂里装有空调，温度的控制也很困难，甚至是不可能的。不过，对于陈酿白葡萄酒来说，这个缺点没那么重要，因为不管怎么说，发酵香气都会被陈酿香气代替。所以，发酵时的温度高一些也是可以接受的。

• 在葡萄酒鲜酿的阶段，葡萄品种和产区风土的特点常常会被橡木掩盖。

• 橡木桶发酵仅适用于酒体饱满且浓缩的葡萄汁。

• 氧化的风险更高。

37　红葡萄酒是怎么酿成的？

酿酒师是通过发酵红葡萄（包括葡萄皮、葡萄籽和混合果汁）来酿制红酒的。他们的关注点在于从葡萄中提取最佳化合物，以赋予葡萄酒特有的颜色、酒体和香气。

去除果梗

去除果梗，就是将葡萄浆果与果肉中心的线状木质部分（果梗）分开。去掉果梗可以保证葡萄酒中不会生成草木味，而且酿造中出现的杂质也更少（但有时会更难压榨）。当然，葡萄汁里保留一小部分果梗也是可以的，它可以提高单宁含量。这种做法常使用于勃艮第，当地为了让黑皮诺葡萄汁更醇厚，会保留一定比例的果梗。

挤压葡萄释放果汁

挤压葡萄就是用挤压机将葡萄挤破，以释放出汁液，并促进葡萄的快速发酵。同时，葡萄汁也充分接触了空气。这个过程必须小心操作，避免撕裂葡萄皮。酿酒师们常常会保留大量的完整浆果，以免出现缓慢甚至不完全的发酵（果渣中含有残留的糖分）。在挤压机阀门处，还可以添加一定剂量的硫（30～60mg/L），如果是因腐烂而受影响的葡萄，就要多添加点硫。葡萄通过二氧化碳浸渍处理之后，可以保留完好的形态。

平放入混酿桶

挤压必须要避免压碎和伤害葡萄粒，否则葡萄皮和葡萄籽会生成苦涩的单宁。理想情况是靠自然重力把葡萄从挤压机里取出，再装入混酿桶里，这需要酒厂里有一定的坡度差或高度差的地方。当然也可以把葡萄浆果放在起重传送带或简单的机械升降机上运输，机械升降机可以把一大桶葡萄浆果倒入混酿桶里，或者尝试在混酿桶上方安装轨道来运输浆果。如果不能保证平放的话，可以通过供水的泵将挤压之后的葡萄轻轻推入传送管道。

选择合适的混酿桶

为了酿造出优质的葡萄酒，酿酒师要根据葡萄来源（葡萄品种、葡萄树年龄、葡萄产地）

来分别酿造。因此，与以无差别方式盛装的大型混酿桶相比，根据产地而定的专用小容量混酿桶更可取。混酿桶可以是像勃艮第那样的开盖（或无盖）混酿桶，也可以是像波尔多那样的带封口（配有活板门）混酿桶。传统的木制混酿桶因为具有良好的热容量和导热慢的特点而重新流行起来，木桶的圆锥形也有利于固体颗粒酒帽的膨胀和压缩。但如果木桶是全新的，则会给葡萄酒带来木质的味道，而且新木桶也需要严格维护。

混凝土混酿桶也有自己的追随者，这类混酿桶具有非常高的热容量，而且导热特别慢，所以不太利于控制温度。不过，现代温度调节系统可以很好地弥补这个缺陷。另外，这类混酿桶非常适合进行多次浸渍，桶的内壁可以是玻璃、陶瓷或食品树脂涂层。与之相反的是，现代的不锈钢混酿桶热容量低、导热快——冷却或加热都非常快。因此，在发酵和浸渍过程中，必须进行冷热调节，施行严格的温度管理。

保持合适比例的单宁

成品葡萄酒的浓度和结构，取决于葡萄果汁和汁内固体之间的比例关系。根据既定的酿酒目的，可以在发酵一开始就给混酿桶"放血"，即从混酿桶里去除少量汁液，浓缩果汁。因为葡萄皮里的单宁质量远比葡萄籽或果梗里的单宁质量要好得多，所以，酿酒师会在发酵过程中想办法提取出优质的单宁，去除剩下的单宁。

通风并保证合适的温度

在发酵开始时，葡萄汁必须与空气充分接触，这样才能促进酵母菌的繁殖。酿酒师一般会通过滗酒（酒从混酿桶中倒出）来进行通风，同时也使酒均匀受热。必要时可加糖以避免香气挥发，并更好地固定颜色。之后还要调节温度（在 28 ~ 32℃之间），以保证发酵顺利进行。酿酒师会在一张表格上记录下每个混酿桶里温度和密度的变化，实时跟进发酵进度（酒精发酵要持续跟进 5 ~ 8 天）。

压帽

葡萄榨渣酒帽是发酵一开始出现的、浮在汁液表面的大量固体颗粒。"压帽"的字面意思是将酒帽往下压，以使果皮与汁液充分接触。由于酒帽会变硬、变紧凑，因此要定期给酒帽补水。

在利布尔讷，人们有一种很常见的"压帽"做法，即使用固定在混酿桶里的格栅，保持酒帽处于液体表层之下。

有一个解决方案是，要么用棍子手动操作，要么用千斤顶机械操作，把葡萄汁里的酒帽打破，并推入到果汁里。这是勃艮第人非常喜欢的方法。如果操作得当，这种提取方法会更温和，且能提取出上好的单宁。当然，必须打开混酿桶，才能保证在良好条件下进行提取。

压帽是一个完整的重组过程，放掉酿酒桶里所有的汁液，就是为了让酒帽落到底部。有些酿酒桶还有固定的破帽锤，能够实现压帽。当汁液再次回到酒帽时，我们可以通过压帽提取出更有用的物质。当然，也不要滥用这种做法，以免导致过度提取。

使用旋转酿造桶进行压帽。旋转酿造桶能自行旋转，因此可以混合果汁和固体部分，但这个方法会出现一些不利因素。

浸渍

通过换气或压帽进行发酵和提取后，葡萄汁和榨渣会在相当长的时间里一直接触，这就是浸渍。压帽停止后再开始换气，可以保持酒帽的湿润，并保护其免受乙酸侵蚀，慢慢浸湿来完成提取。

放酒与去渣

经过发酵和浸渍后，酿酒师倒出混酿桶内的葡萄汁，并过滤掉榨渣，这个过程叫放酒。放酒的时机至关重要，因为这决定了葡萄酒最终的风格和品质。怎么做才能把握好时机呢？先品尝！当第一次尝到植物的风味和苦涩的单宁时，就该采取行动开始放酒了。放酒有时也取决于发酵室的大小，毕竟还需要留出足够的空间存放采摘回来的葡萄。

当葡萄汁已经倒入混酿桶或橡木桶里开始乳酸发酵时，就要用手或机械提取器取出榨渣，这是去渣的过程。如果用手，意味着人要进入混酿桶，而桶内二氧化碳含量高，十分危险。因此，操作前必须对混酿桶通风，然后将取出的榨渣送入压榨机，提取出富含单宁的压榨葡萄酒。

红 葡 萄 酒 是 怎 么 酿 成 的 ？

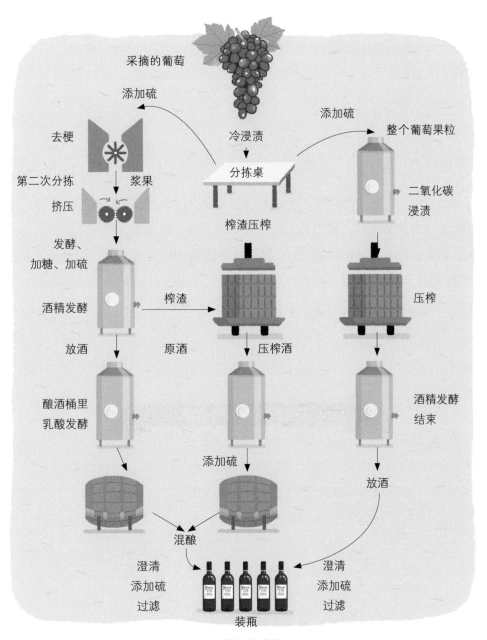

采摘的葡萄

添加硫

添加硫

冷浸渍

整个葡萄果粒

去梗

分拣桌

二氧化碳
浸渍

第二次分拣

挤压

浆果

榨渣压榨

发酵、
加糖、加硫

压榨

酒精发酵

榨渣

原酒

压榨酒

放酒

酿酒桶里
乳酸发酵

酒精发酵
结束

添加硫

放酒

混酿

澄清
添加硫
过滤

澄清
添加硫
过滤

装瓶

红葡萄酒酿造步骤

白皮或红皮葡萄的压榨汁可以酿成白葡萄酒，只要再把其中的余糖降低到 4g／L 以下，便可以收获干白葡萄酒了。

氧化是最大的敌人

要酿出芳香馥郁的上好白葡萄酒，就必须避免葡萄受到氧化和高温的袭击。我们可以通过添加硫，使葡萄酒得到保护；也可以通过在低温环境下（清晨或夜晚）采摘葡萄，然后把它们放入含有惰性气体的运输箱里进行运输，这样就可以减少二氧化硫的添加剂量。另外，为了保证葡萄浆果不被压碎，不被挤出果汁（对氧化敏感），葡萄要放在板条箱里运输。如果没有板条箱的话，可以放在葡萄园里用来添加硫的双底货厢里运输。

白中白和黑中白葡萄酒

大多数白葡萄酒都是用白葡萄酿制的。但是，由于葡萄酒的颜色来自葡萄皮而不是葡萄果肉，所以，也可以用去除果皮的红葡萄来酿造白葡萄酒。香槟地区的起泡酒就是这种情况，那里会将采摘下来的黑皮诺和黑葡萄迅速压榨出白葡萄汁。由白葡萄酿成的起泡酒被称为白中白葡萄酒，而用红葡萄酿成的叫黑中白葡萄酒。在发酵之前，可以先浸渍白葡萄，以此提取出更多的香气，这就是发酵前浸渍，也叫葡萄皮浸渍。

干 白 葡 萄 酒 是 怎 么 酿 成 的 ？

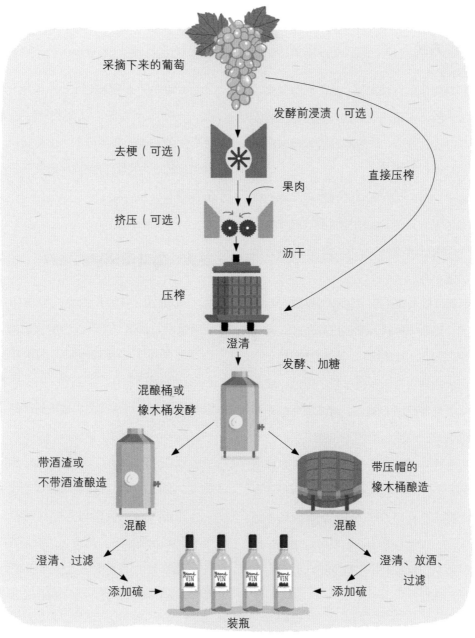

采摘下来的葡萄

发酵前浸渍（可选）

去梗（可选）

直接压榨

果肉

挤压（可选）

沥干

压榨

澄清

发酵、加糖

混酿桶或
橡木桶发酵

带酒渣或
不带酒渣酿造

带压帽的
橡木桶酿造

混酿

混酿

澄清、过滤

澄清、放酒、
过滤

添加硫

添加硫

装瓶

白葡萄酒酿造步骤

澄清的多种方式

压榨机压榨出的汁液浑浊，其中含有泥浆，即植物残渣、胶体和其他残留物。因此，压榨出的葡萄汁必须进行澄清，让漂浮的固体颗粒沉到底部。有两种可行方法：

• 把葡萄汁倒入混酿桶里进行静态沉降。在室温或低温环境下，泥浆会缓慢而自然地沉降，如果再加入果胶分解酶，则可以降低果肉的黏度，从而加速澄清。

• 把葡萄汁放入离心机或过滤器里进行动态的机械沉降。这是一种较残酷的沉降方式，其风险在于会削弱葡萄汁里的酵母、脂肪酸和氮化合物，继而可能阻碍之后的发酵过程。所以，离心机仅适用于普通葡萄酒的酿造。沉淀之后，还要测量一下葡萄酒的浊度（即浑浊特征）。

• 还有一种补充方法——冷藏。这种方法可以在气候寒冷的产区，利用其天然的环境条件进行。葡萄汁要在 $5 \sim 10℃$ 的环境下，在混酿桶里澄清好几天后，才能开始后面的发酵。这个过程会产生各种香气，也有利于发酵的进行，最终提高葡萄酒的品质。

• 此外，还可以使用一种具有澄清能力的黏土——膨润土，它可以在发酵过程中或发酵后（如果葡萄酒要带渣陈酿）添加使用，这能够消除过量的、可能会导致成品酒发生事故（破裂）的蛋白质。

发酵：葡萄酒风格的体现

沉淀后，葡萄汁要倒入混酿桶或橡木桶里进行发酵。通常必不可少的酵母发酵（使用精选的商业酵母）必须尊重葡萄的本性，因此，选择合适的酵母菌株至关重要。对于有机葡萄酒来说，按规定，必须使用本地的葡萄酵母。还要注意，发酵温度决定了葡萄酒的品质：平均温度应该设置在 $18 \sim 20℃$。温度太低，容易生成酵母香气；温度太高，又会导致香气的流失。

发酵方法的选择也有地域差异：在北部地区（香槟、勃艮第、瑞士），应某些特殊葡萄品种（霞多丽）的需要，人们一般都会进行乳酸发酵；但在南部产区，为了保持葡萄酒的清新，避免出现太浓的黄油味，人们一般不会用乳酸发酵。

酒渣怎么办？

　　酒渣是发酵后残留在桶底的沉淀物。酿酒师会从葡萄酒里分离出不需要的酒渣（大块的）。要知道，酒渣会产生难闻的气味，摄入酒渣也不利于人的健康，还会引起疾病。所以，分离是必须进行的。不过，酿酒师也可以保留酒中的一些细小的酒渣，因为葡萄酒在被装瓶之前，还可以从酒渣中汲取"养分"。带酒渣的陈酿，可以使葡萄酒处于还原性环境（无氧气）中，从而保持葡萄酒的果味，生成油脂和其他香气。此外，混酿桶里的二氧化碳含量也可以维持在比较高的水平，使葡萄酒不断产生气泡（非常细密的气泡）。如果酿酒师想强化酒渣的作用，他可以用一根木棍不断搅动葡萄酒，让这些沉淀物重新浮起来。

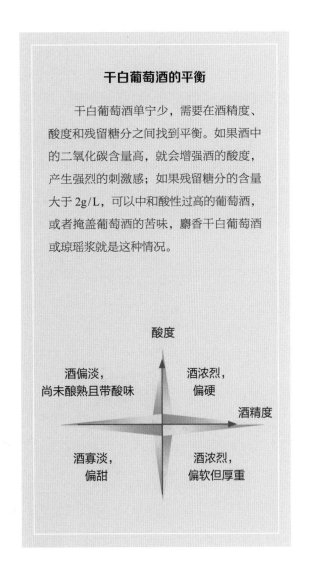

干白葡萄酒的平衡

　　干白葡萄酒单宁少，需要在酒精度、酸度和残留糖分之间找到平衡。如果酒中的二氧化碳含量高，就会增强酒的酸度，产生强烈的刺激感；如果残留糖分的含量大于 2g/L，可以中和酸性过高的葡萄酒，或者掩盖葡萄酒的苦味，麝香干白葡萄酒或琼瑶浆就是这种情况。

酸度

酒偏淡，
尚未酿熟且带酸味

酒浓烈，
偏硬

酒精度

酒寡淡，
偏甜

酒浓烈，
偏软但厚重

39　桃红葡萄酒是怎么酿成的？

桃红葡萄酒有两种不同的酿造方法：一种是在发酵开始时，由一桶红葡萄酒"放血"而制成；另一种是在红葡萄被压榨之后，用白葡萄酒的酿造方式酿成。

红葡萄酒+白葡萄酒=桃红葡萄酒？

显然不是！红葡萄酒和白葡萄酒直接混合是绝对禁止的。唯一例外的是桃红香槟酒，其颜色通常是通过添加特定的红葡萄酒（法定产区命名的）到白葡萄酒里形成的。但不能通过将红葡萄和白葡萄混合酿造，来"合成"桃红葡萄酒，它只能用红皮葡萄部分浸渍出的葡萄汁酿造。

"放血"

桃红葡萄酒酿造的起始和红葡萄酒是一样的，一旦葡萄酒的颜色达到了所需的颜色强度，就要将汁液与汁液中的固体部分分离（即"放血"），这通常是在 12 ~ 24 小时后进行的，因而它也得名"夜玫瑰"。"放血"的做法很古老，也是浓缩红酒的技术之一。从混酿桶里放出

除了大多数桃红香槟以外，优质桃红葡萄酒不是红葡萄酒和白葡萄酒的混合物。

来的一部分葡萄汁会被直接舍弃，以使葡萄汁和
固体部分之间保持和谐，剩余果汁将变成桃红葡
萄酒。

压榨出的桃红葡萄酒

把红葡萄用酿白葡萄酒的方法进行酿造，
整个过程包括发酵前浸渍、挤压、压榨、澄清到
最后葡萄汁的酿造。使用这种方法，酿酒师可能
会酿出非常平庸的桃红葡萄酒，也被称为灰色葡
萄酒，因为在这种情况下，颜色的强度是无法调
节的。

桃红葡萄酒值得陈酿吗?

不！桃红葡萄酒很少用来陈酿，因为它本
来就不适合陈酿。它装瓶时间会比较早，以保留
住葡萄酒里的水果香和鲜酿的香气。不过，如果
某一瓶桃红葡萄酒本来就是用来制作美食的话，
有时候是可以放在橡木桶中陈酿的。

玫瑰调色板

桃红葡萄酒的颜色范围很广，包括洋
葱皮色（通常归因于过早氧化）、橙色、
鲑鱼色、玫瑰花瓣色、淡红色（瑞士纳沙
泰尔产的葡萄酒典型色），一直到近乎紫
色的色调。颜色的强度也各不一样，从几
乎泛白的桃红色到淡红色，最后到波尔多
紫红色。

40 起泡酒是怎么酿成的？

起泡酒，就是酒瓶打开的一瞬间，有泡沫从瓶中溢出的葡萄酒。喝起泡酒时，朋友之间会自发地干杯，以收集新出现的杯中泡沫。当聚会时间到了，你需要先在酒窖中进行有条不紊的准备，才能让这种葡萄酒发挥它在聚会上的作用。当然，每个人都可以选择适合自己的方法。

> **起泡酒**
>
> 起泡酒中含有大量的二氧化碳，它会在开瓶的一瞬间产生泡沫，并在玻璃杯中产生气泡。

传统酿造法

香槟酒在世界各地都有追随者，它的传统酿造法也被广泛应用于世界各地。不过，"香槟法"这个表述只能用在香槟产区的香槟酒酿造。这个方法的原理是：在静止的葡萄酒瓶中进行第二次发酵，生成气泡。这种传统的酿造法已传播到了全世界，而且从未更新改变过，只有用于酿造的葡萄品种和葡萄酿造的初期阶段经历了一些变化（如压榨方法上的改变）。

> "香槟酒在世界各地都有追随者，它的传统酿造法也被广泛应用于世界各地。"

补液

在白葡萄酒中，加入被称为"补液"的糖和酵母的混合物（24g/L），然后将葡萄酒灌入厚壁的玻璃瓶中，并用瓶盖密封，以承受住瓶中的气压。

起泡

第二次发酵要在恒温 12℃ 的地窖中进行，酒瓶要水平放置，发酵持续的时间各异。随着添加到原酒中的糖转化成酒精，瓶中就会产生二氧化碳。

陈酿方式和时间

将酒瓶隔开、堆放在木条板上，这样就可以利用酒中的沉淀物进行陈酿。不同的酒陈酿的时长也各不相同：普通的香槟酒，需要陈酿 2 ~ 3 年；标有年份的香槟酒，需要 3 ~ 5 年；名贵香槟酒则需要更长的时间。

清理沉淀物

是时候清理瓶中的沉淀物了，你可以用手或机械转瓶器在斜面酒架上转动酒瓶，这样，瓶中的沉淀物（死的酵母）就可以落到软木瓶塞上。酒瓶最好是这样垂直、倒立地存放着。

除渣

香槟酒瓶的瓶颈要浸在一个 −28℃ 的容器中，这样才能冻结沉淀物。开瓶的时候，它们会像冰块一样被排出去。

值得品尝的起泡酒

卢瓦尔河谷产区的索米尔酒、武伏雷酒，朗格多克的利慕－布朗克特酒。

西班牙产区的卡瓦酒，美国加利福尼亚州、智利和澳大利亚的起泡酒。

香槟产区：阿尔萨斯、勃艮第、波尔多、迪城、汝拉、利穆、卢瓦尔河谷克雷芒酒。

补糖

葡萄酒需要补入一定量的发酵糖浆（即葡萄酒和糖的混合物）。补多少糖决定了最终起泡酒的风格：超干型（ $0 \sim 6g/L$ 的糖），干型（小于 $12g/L$ 的糖），半干型（ $12 \sim 17g/L$ 的糖），甜型（ $17 \sim 32g/L$ 的糖），特甜型（ $32 \sim 50g/L$ 的糖）。如果只添加葡萄酒（不含糖）的话，那这种葡萄酒就可以被称为"天然绝干型"或"零添加型"。最后，在给瓶身贴酒标之前，要先用一个铁丝架封口，这样可以不断转瓶以充分混合酒液。

除了传统酿造法，起泡酒还有其他很多酿造方法。

祖传或乡村酿造法

这是传统酿造法的祖先，在法国南部朗格多克的利穆产区，通常称之为祖传酿造法；而在加亚克和迪城，则称之为乡村酿造法。用这种方法酿造时，在混酿桶里进行的酒精发酵活动，会因寒冷而中断。在简单过滤之后（瓶中酵母被削弱），将葡萄酒装瓶，瓶中仍然会残留糖和酵母。

在春季，当温度升高时，这些糖会再次发酵，从而产生二氧化碳，存留在瓶中。用这种方法，可以酿造出非常特别的起泡酒。不过，最终酿造出来的酒的质量并不一致，因为残留糖分的含量是无法控制的，不能确定气泡是多是少。

值得品尝的起泡酒

朗格多克：布朗克特酒，祖传酿造法。

罗纳河谷产区：迪城克莱雷酒，乡村酿造法。

西南地区：加亚克酒，乡村酿造法。

换桶除渣法

这是传统酿造法的一种变体：不需要转动酒瓶，而是将葡萄酒换到新的加压混酿桶里。当然，重新装瓶之前，还需要再除渣、过滤一下。

酒桶二次发酵法（夏尔玛法）

在半甜基酒内添加一定剂量的糖和酵母，然后密封装进高压混酿桶中。第二次发酵会很迅速，不过也经常受冷冻的影响而中止。葡萄酒经过过滤，添加了糖和酵母之后，再在高压环境中装瓶。与传统酿造法对比，这样酿造的起泡酒，永远不可能产生那样细密的气泡。

值得品尝的起泡酒

意大利：阿斯蒂的起泡酒、普罗塞克酒。

德国：塞克特酒。

加气法

加气法，即将二氧化碳直接灌入混酿桶中，然后装瓶。不过，这样的方式只能酿造出低端起

香槟酒——起泡酒的典范

香槟酒是用黑皮诺和黑葡萄品种，以及霞多丽白葡萄品种一起混酿而成的起泡酒。人们将采摘下来的葡萄放入板条箱里，然后运入压榨机（以前是经典的立式香槟压榨机，而且压榨中心的位置一般会尽可能靠近葡萄园）。压榨要分好几步，获得的葡萄汁也不一样：如果是4000kg的葡萄，则可以压榨出精酿汁2050L；有第一次尾汁和第二次尾汁，最后一次尾汁则是要丢弃的部分。澄清葡萄汁之后，就要运送到酿酒厂了。酒精发酵后，产生的白葡萄酒是半甜型酒，这时候人们可以选择接下来是再进行一次乳酸发酵还是不再发酵，然后再把来自不同葡萄品种和年份的葡萄酒一起混酿，不过还是尽量选择同一种风格，以便确定香槟酒的品牌。对于非年份香槟酒，最好别让它变成无年份的干型酒，可以将以前酿造的葡萄酒（储备葡萄酒）加入混酿。最后就可以装瓶，并用传统酿造法生成瓶中的气泡。

起泡酒是怎么酿成的？

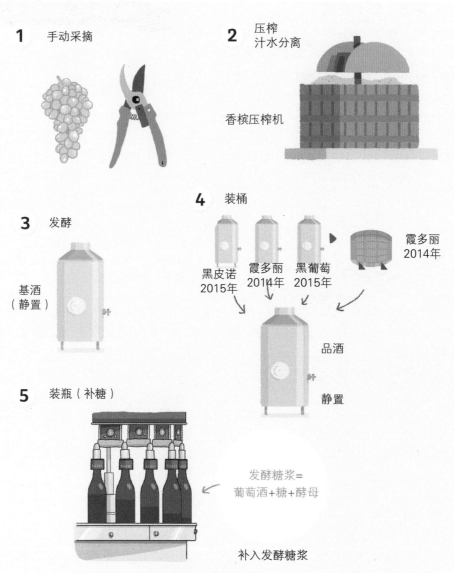

1 手动采摘

2 压榨 汁水分离

香槟压榨机

3 发酵

基酒（静置）

4 装桶

黑皮诺 2015年

霞多丽 2014年

黑葡萄 2015年

霞多丽 2014年

品酒

静置

5 装瓶（补糖）

发酵糖浆＝ 葡萄酒+糖+酵母

补入发酵糖浆

香槟酿造法（在非香槟地区被称为"传统酿造法"）

起 泡 酒 是 怎 么 酿 成 的 ？

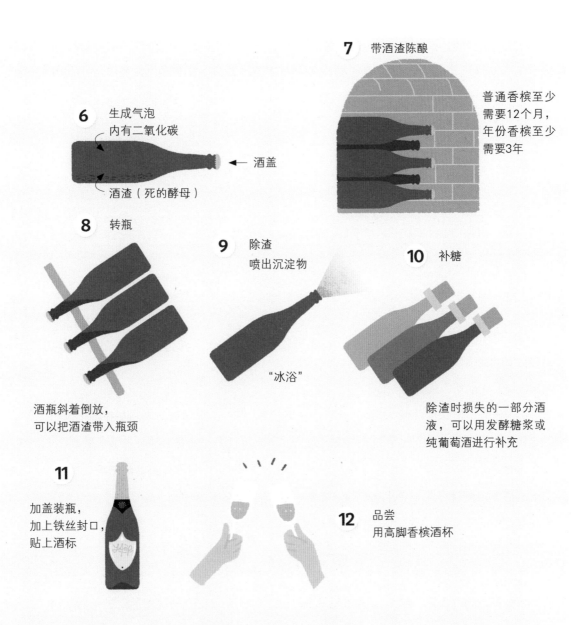

7 带酒渣陈酿

普通香槟至少
需要12个月，
年份香槟至少
需要3年

6 生成气泡
内有二氧化碳

← 酒盖

酒渣（死的酵母）

8 转瓶

9 除渣
喷出沉淀物

"冰浴"

10 补糖

酒瓶斜着倒放，
可以把酒渣带入瓶颈

除渣时损失的一部分酒
液，可以用发酵糖浆或
纯葡萄酒进行补充

11

加盖装瓶，
加上铁丝封口，
贴上酒标

12 品尝
用高脚香槟酒杯

41 葡萄酒如何混酿？

　　每个葡萄品种都是按照自己对应的酿造方式，分别酿造出红、白或桃红葡萄酒的。葡萄酒酿造好后，就可以装瓶了。只是，酿酒师知道，如果对酿造出的葡萄汁再进行混酿，则可以获得完全不同且更加复杂的葡萄酒。

混酿

　　混酿，指的是把来自同一产区，并根据彼此之间的互补性而挑选出来的葡萄酒进行混合。

精挑细选

　　在波尔多特级酒庄的酿造工艺里，混酿要求采摘的葡萄必须是精挑细选的，只有最好的（即最健康、最成熟、来自最优质风土的）葡萄才能酿造出佳酿。剩下的一部分葡萄可以用来酿造副牌葡萄酒，有时还会用最后剩下的葡萄酿造批发葡萄酒。

　　这种精选是葡萄一生中最伟大的时刻之一，它是在品酒师们（通常是该领域的整个技术团队）的口中逐渐诞生的，他们会在反复品尝后做出决定。通常，混酿葡萄酒比单一葡萄品种酿造的葡萄酒具有更高的品质。当然，混酿还可以细分为理想混酿（最看重品质的混酿）和经济型混

> "通常，混酿葡萄酒比单一葡萄品种酿造的葡萄酒具有更高的品质。"

酿（最现实的混酿，着重于盈利能力）。混酿可以在乳酸发酵之后或陈酿之后开始，总之，只要不到装瓶阶段，都可以进行混酿。

葡 萄 酒 如 何 混 酿 ？

混酿可以在发酵之后进行，也可以在陈酿之后进行。

直接在混酿桶内混酿

在南部地区，酿酒师有时会在发酵桶中对各个葡萄品种进行混酿，产自南罗纳河谷的教皇新堡酒就是如此。这种混酿可以促进芳香分子的协同作用，是单酿不可能实现的。不过，困难在于葡萄品种的挑选，因为各个葡萄品种必须同时成熟，才能保证同时采摘的葡萄能一起被运送到混酿酒厂。

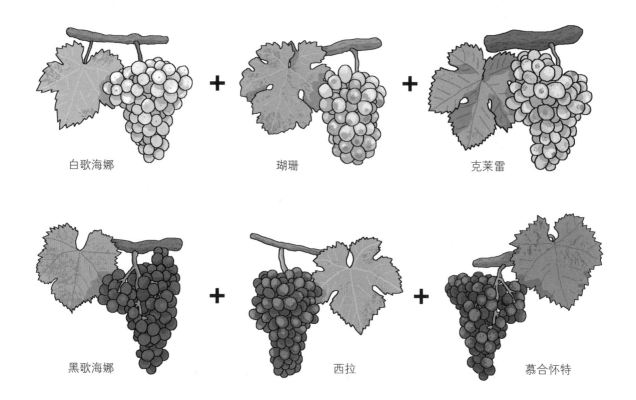

白歌海娜 ＋ 瑚珊 ＋ 克莱雷

黑歌海娜 ＋ 西拉 ＋ 慕合怀特

独立发酵后再进行混酿

而在其他产区，一般都会对在独立发酵桶里酿造的葡萄汁进行混酿。因此，酿酒师可以在每种葡萄的最佳成熟阶段采摘葡萄，并采用最合适的酿酒方法进行酿造。然后，再对不同比例的新酿葡萄酒进行混酿。例如，马迪郎酒（西南产区）会根据产区和年份的不同，选择马娜酒或赤霞珠酒进行混酿。然而，在勃艮第的葡萄酒都是单酿葡萄酒（比如用霞多丽单酿白葡萄酒，用黑皮诺单酿红葡萄酒），虽然这些单一葡萄品种源于不同的克隆选种——葡萄栽培时，人们会选择同一葡萄品种、特点不同的克隆植株。在市镇法定命名或大区法定命名葡萄酒中，风土也是值得关注的一个因素。因为对于这些葡萄酒来说，混酿能利用风土的互补性酿造出高品质葡萄酒。

> "在所有地区，混酿还意味着可以利用风土的互补性。"

不同年份葡萄酒的混酿

在香槟产区以及其他生产起泡酒的地区，可以对不同年份的葡萄酒（被称为储备酒）进行混酿，从而获得一种非常有名的佳酿——无年份的干型起泡酒。不过要注意的是，这种酒的混酿要在第二次发酵之前进行。

还有其他由不同年份的葡萄酒混酿而成的起泡酒，比如茶色波特酒和赫雷斯雪利酒。

42 葡萄酒越陈越香吗？

酿造完成后，葡萄酒还比较浑浊，酒中充满了二氧化碳。这时，酿酒师会对这种葡萄酒进行改良，以塑造其复杂、丰富的特征。酒窖里装瓶的葡萄酒，其寿命的长短取决于陈酿的好坏。

陈酿

陈酿是葡萄酒发酵后、装瓶前，为了使葡萄酒稳定，达到最佳品质而进行的"关怀"操作。

葡萄酒在陈酿中发生的改变

陈酿过程中葡萄酒会发生什么变化呢？首先，通过氧化还原反应，葡萄酒会出现很多芳香化合物。葡萄品种特有的香气，以及发酵过程中产生的香气都会发生变化，从而构成葡萄酒的整个芳香基调。其次，花青素染色剂与单宁结合，产生新的色调，葡萄酒的颜色也会逐渐稳定下来。此外，这些单宁自身也会发生变化，它们通过聚合作用，分子彼此结合形成一个更大的分子，使葡萄酒涩味减少，变得更加柔和。

澄清，让葡萄酒更细腻

取汁

陈酿有助于澄清葡萄酒，让葡萄酒变得更清澈。因为死的酵母会自然沉淀在酒桶或混酿桶底部，成为酒渣。通过取汁的过程，可以把酒渣与清澈的葡萄酒分离。之后再将分离出的葡萄酒，通过抽水的方式从一个容器倒入到另一个容器。而特级葡萄酒，是通过本身的重力作用，或者用风箱，把葡萄酒从一个橡

> "陈酿有助于澄清葡萄酒，使其更加清澈。"

葡 萄 酒 越 陈 越 香 吗 ？

木桶转入另一个橡木桶里。我们可以把这个过程，类比为葡萄酒爱好者把一瓶陈酿红葡萄酒倒入另一个长颈瓶中进行滗酒的过程。酿酒师们曾用"精密提取"来形容这种操作过程。

陈酿期间，取汁这个过程可以多次重复，其频率取决于酿造葡萄酒的风格，或酿酒厂的温度条件。例如，在波尔多，葡萄酒在橡木桶中陈酿的第一年里要进行三到四次取汁。取汁可以减少二氧化碳含量，直至达到装瓶的标准含量，而且还能为葡萄酒带来少量的氧气。这种所谓的温和氧化作用，能够促进葡萄酒中各成分（颜色、香气、单宁）的转化。但是，如果突然发生氧化，也会使葡萄酒疲惫，甚至"撕裂"（破坏）葡萄酒。另外，每次取汁也是调整硫的添加剂量，并通过混合葡萄酒来均衡葡萄酒成分的好机会。

微氧合

现在已经开发出了一种能替代取汁的技术——微氧合，它是指使用多孔陶瓷，把压缩的氧气定期送入葡萄酒内。这种操作必须严格计算好量，否则可能会给葡萄酒充入过多的氧气，破坏葡萄酒的口味，散发出变质的气味。不过另一方面，微氧合会软化葡萄酒的结构，并为原本单宁过多或过度过滤的葡萄酒带来一些油脂，这样的葡萄酒适合鲜酿饮用。微氧合还可以避免葡萄酒在带酒渣的陈酿过程中出现异味。在橡木桶的陈酿中，如果用橡木屑来代替橡木桶陈酿，微氧合技术正好可以起到很好的补充作用。

添桶

为了避免葡萄酒的表面发生任何氧化现象，在陈酿期间，葡萄酒必须始终与橡木酒桶塞子上的孔（被称为"桶眼"）齐平。但是，酒桶的木材会吸收一部分葡萄酒液，甚至会出现一定程度的挥发。因此，至少在陈酿开始时，必须定期往橡木桶内添加葡萄酒（橡木桶的桶孔朝上），这个过程就是添桶。注意，添加的葡萄酒，必须达到酒桶中原有葡萄酒的品质。

当葡萄酒在混酿桶中陈酿时，通常会用无菌的、注入了硫溶液的塞子密封。如果往桶内加压、注入惰性气体，就可以省去添桶这个步骤了。

保持葡萄酒的稳定

在葡萄酒的整个酿造和陈酿过程中，酿酒师一直在尽力稳定葡萄酒，以避免在瓶中出现任何由化学或微生物学现象导致的事故。比如，为了酿造出心仪的葡萄酒，他们会使用乳酸发酵，通过降低酸度来实现生物学稳定。但是，酿酒师尤其关心的是如何摆脱酒石晶体（一种砾石），因为一旦葡萄酒装瓶后，这些酒石就会沉降。因此，葡萄酒要贮存在 0 ~ 5℃的低温环境里（冬天的自然寒冷天气通常就足够了），以便一次性把所有的酒石沉淀下来。其他的杂质则可以在装瓶前，通过澄清和过滤预先去除掉。

为什么要在混酿桶中陈酿？

用混酿桶陈酿更经济，它适用于平民价格的葡萄酒。酿酒师会选择这种方案，以保持葡萄酒的果香味。有些顶级葡萄酒，比如阿尔萨斯葡萄酒，也会选择混酿桶陈酿。

酿酒厂和陈酿厂

在波尔多，这两个概念的区别很明显：酿酒厂是酿酒的工厂，而陈酿厂则是用橡木桶陈酿的工厂。对于顶级葡萄酒来说，还要区分第一年陈酿厂和第二年陈酿厂。葡萄酒在第一年陈酿厂里待了十二个月之后，会被转移到第二年陈酿厂。在其他产区，这种区分就没那么明显了。

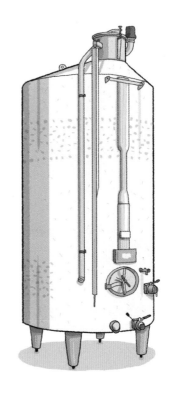

优势

• 投资和人力成本低。

• 陈酿温度容易控制。

• 易于防氧化。

• 易于控制卫生条件，从而限制微生物事故的出现。

• 能保留鲜酿葡萄酒的香气。混酿桶中的低温陈酿环境，可以阻止任何芳香物质的演变。

• 在某些葡萄酒中注入二氧化碳，可以保护酒中的自然成分。

劣势

• 可能会导致风味流失。

• 澄清更慢。混酿桶越高，颗粒沉淀越慢，需要经常过滤。

• 二氧化碳消散更慢，因此需要取汁。

混酿桶的种类

• 传统的木质混酿桶是最早用来酿酒的混酿桶。有些在大酒桶（1 万 ~ 3 万升）或古老的木桶（150 升）里陈酿的葡萄酒，和在这种混酿桶里陈酿的葡萄酒差不多 。

• 混凝土制的混酿桶比较粗糙，桶盖要么是用玻璃砖制成的，要么是用食用树脂制成的。这种混酿桶的比热容高，需要不断进行严格的维护，以避免产生异味。

• 搪瓷钢制的混酿桶已不再流行，但仍有人使用。这种混酿桶具有与不锈钢混酿桶一样的优势。

• 不锈钢混酿桶已成为现代陈酿厂的标准配置。这类混酿桶比热容低，不过，其化学呈中性（不易氧化），且易于维护。这些优点很大程度上弥补了它的不足。另外，不锈钢混酿桶要搭配、安装温控电路，才能更好地使用。

• 玻璃纤维水箱价格便宜，易于运输，但可能会产生异味。

为什么要在橡木桶中陈酿？

橡木桶陈酿是现在流行的方式，它符合某些市场对木质味和香草味葡萄酒的需求。而且在许多人看来，橡木桶陈酿就是顶级品质葡萄酒的保证。尽管橡木桶陈酿确实有很多优势，但也并非适用于所有葡萄酒的陈酿。

优势

• 由于陈酿的葡萄酒容量小，所以有利于酒液的澄清，因为悬浮颗粒物的高度非常低。

· 葡萄酒氧化作用比较温和，这能促进新的香气产生。并且，这种氧化作用不是通过木材的细孔发生的，主要是通过酒桶塞或者在取汁时发生的。

· 作为酒中的提取物，橡木单宁可以使葡萄酒结构紧密，产生香草醛（香草味）的芳香化合物。

· 更容易去除二氧化碳。

劣势

· 成本很高，橡木桶的价格和所需的人力成本都高。

· 每个橡木桶的使用寿命有限。陈酿顶级葡萄酒的橡木桶能使用 3 ~ 10 年，但也有更长时间的，比如西班牙的里奥哈葡萄酒。

· 对劳动力的能力要求高，他们必须能全面了解并熟练添桶、取汁、维护和养护等各个环节。

· 酒桶存放需要大型场所，最好是占地面积大的大陈酿厂。当然，橡木桶是可以叠放在一起的，但由于各个操作方法不一，还是有些不方便。在西班牙里奥哈的大陈酿厂里就有自动取汁、清洗和堆放酒桶的"一条龙"生产链。

· 需要严格的卫生环境。每次取汁时，都必须对橡木桶进行清洗和消毒，然后用浸硫布条熏酒桶，即在桶里点燃一块浸硫布条，通过产生的硫气体（二氧化硫）进行消毒。注意，橡木桶千万不能空置。

· 葡萄酒挥发严重：每年大约会挥发掉 3%。

· 会生成木质芳香化合物，这可能会掩盖葡萄酒原有的果香味和个性。

· 会生成过多的橡木单宁，影响葡萄酒原有的稳定结构，使葡萄酒的口感偏干。

• 酵母菌（酒香菌）或细菌（挥发性酸）会产生酵母变质的风险。

通风换气

葡萄酒需要空气。首先，发酵需要空气，酵母在没有氧气的情况下会死亡。其次，为了陈酿，也需要通入定量的空气，保证只出现轻度的氧化。凭借通气，酒的成分才能够进行复杂的转换。瓶装的葡萄酒内有足够的氧气量，才能保证葡萄酒在酒窖中继续演变、陈酿。如果瓶中缺少氧气，葡萄酒就会散发出令人不愉快的霉味。相反，氧气过多也有害，这会导致葡萄酒变酸，甚至变成果醋。我们可以将酒瓶密闭，减少瓶中的氧气，使葡萄酒免受这种危险。

橡木桶的时代

全新的橡木桶会散发强烈的木质香草气味，还带有大量的橡木单宁。除非葡萄酒自身可以抵

抗材料的影响（波尔多的特级葡萄酒就具有这种潜力），否则，橡木桶的烙印极有可能主导葡萄酒的口味。新的橡木桶必须清洗，可以漂洗或用蒸汽蒸一蒸，然后再往橡木桶里装入少量的葡萄酒，存放一小段时间。这样才可以降低橡木桶的影响力，并消除其中的橡木单宁。

旧的橡木桶已经失去了生成橡木单宁和芳香物质的能力，但依然会使葡萄酒有陈年木头的味道。为了保持橡木桶的卫生，贮存环境的卫生条件很重要，另外，以气态形式注入的硫的剂量也很重要。如果你看到了"一种或两种葡萄酒橡木桶"的表述，则说明这个橡木桶已经用于一种或两种葡萄酒的陈酿。

习惯上，混酿应该根据葡萄酒的结构来平衡葡萄酒中、新橡木桶中陈酿葡萄酒的比例。经典的混酿方法是：1/3 的新橡木桶陈酿葡萄酒，1/3 的橡木桶陈酿葡萄酒，加上 1/3 的两种葡萄酒橡木桶陈酿葡萄酒。酿酒师永远不会忘记，木质味可以增强葡萄酒风味，因此必须发挥这种优势。不过，如果木质味过分浓烈，则会"杀死"葡萄酒，使之变得格外干燥。

什么时候装桶？

装桶，就是把橡木桶内的葡萄酒装入酒桶里。最好还是尽快进行，以免将木质味留在葡萄酒里。在橡木桶中进行的乳酸发酵葡萄酒，需要立即进行热灌装。这样热灌装的葡萄酒非常适合鲜酿葡萄酒，因为这样的葡萄酒中有融化的木质感和不少油脂。这样在橡木桶内发酵的葡萄酒，沉淀物会在第一次取汁后落到桶底。如果橡木桶陈酿时间较短，最好对葡萄酒进行一次澄清。如果陈酿时间很长，则自然沉淀就足够了，不需要过滤，过滤反而会损害酒的品质，因为酒中的木质味更容易支配葡萄酒，过滤就会破坏和谐感。

陈酿的时间

木质味会迅速在葡萄酒中留下印记，但要最终达到与酒中的物质相协调，还需要一段时间。如果葡萄酒装入橡木桶内只有六个月，这不叫陈酿，只能叫调香；对于自然澄清来说，一年的时间是不够的；一年半是特级葡萄酒的平均陈酿时间。如果想要陈酿出口味特别丰富的出色年份酒，陈酿的时间就要超过一年半，但还是要提防因陈酿过久而导致的葡萄酒的挥发，以及木质味过重的情况。

白葡萄酒和橡木桶

在混酿桶中发酵的葡萄酒，是不能再用橡木桶进行陈酿的。如果你希望葡萄酒能增添一些木质味，最好从酒精发酵到陈酿的整个过程，都在橡木桶中进行。这样，木质味能更好地融进葡萄酒中。如果葡萄酒带酒渣陈酿，就要比较频繁地用棍子搅动葡萄酒。这种陈酿可以一直持续到酵母完全耗尽（自溶），继而释放出油脂和芳香化合物。如果葡萄酒陈酿时间过长，可能使葡萄酒不再受到酒渣还原作用的保护。如果白葡萄酒有明显的木质香气，那就失去了葡萄酒自身的果香和原有的特色。

带酒渣陈酿的红葡萄酒

流行的橡木桶白葡萄酒陈酿技术，也适用于某些高档红葡萄酒的陈酿。这些红葡萄酒带酒渣被装入橡木桶中，频繁地用木棍搅动，可以继续发酵。还有一些先锋派的做法：先取汁，"处理"一下酒渣，再把酒渣重新倒入葡萄酒中。酒渣中留有的酵母和真菌，会释放出可溶解于葡萄酒的油脂化合物。之后，酒渣会被葡萄酒几乎完全消化。但这样陈酿的葡萄酒，由于有残留的酒渣，因此无法取汁，也无法通风换气，可能失去原有的风味。这时候就需要进行微氧合了，特别是对于鲜酿葡萄酒来说——鲜酿葡萄酒在新酿葡萄酒市场受到极大的青睐。但是，就如橡木桶中进行乳酸发酵时产生的差异一样，这种差异会随着时间的流逝而消失。

43 葡萄酒灌装前要做什么预备工作?

酿酒完成后,就要把葡萄酒装瓶——"穿上衣服",然后展示给消费者。灌装其实是比较细致的工作,因为葡萄酒必须尽可能地保持稳定,才能保证它在瓶中的良好状态。

澄清葡萄酒

澄清葡萄酒,就是通过在葡萄酒中添加一种不溶于液体的胶体物质,来固定住那些最细小的杂质(悬浮的颗粒和胶体),并将这些杂质带入桶底。酿酒师会根据葡萄酒的颜色来选择胶体物质:明胶或者鲜鸡蛋蛋白质(粉状也可以)用于红葡萄酒;鱼胶、酪蛋白或膨润土(黏土)用于白葡萄酒。无论采用哪种胶体物质,都必须适量。

在取汁之后,加入胶体物质,葡萄酒就会与酒渣分离,胶体在一段反气旋运动之后,可以防止颗粒重新悬浮而上。澄清后的葡萄酒更加明亮、清澈,一些油腻的单宁和涩味分子也消失了。

"不用澄清、未经过滤"的葡萄酒,就是佼佼者吗?

长期以来,人们一直在批评葡萄酒的澄清和过滤,认为这会导致葡萄酒变质,尽管这些操作都是在尊重葡萄酒本身的基础上进行的精炼措施。迫于某些品酒师和潮流的压力,"不用澄清、未经过滤"(正如我们在酒标上看到的字样)的葡萄酒成了葡萄酒中的佼佼者。这些葡萄酒色彩艳丽,比较厚重,令人满口留香,并留下一种咀嚼感。与澄清过的口感丝滑的葡萄酒相比,它们别有一番风味,也属于优质葡萄酒。

葡 萄 酒 灌 装 前 要 做 什 么 预 备 工 作 ？

过滤

　　过滤是指用过滤网将葡萄酒酒液与固体部分分离。过滤网的网眼是大还是小，要根据所需的"清洁程度"而定。简单的过滤是为了清洁，而灭菌过滤则可以杀菌。其实葡萄酒在橡木桶内经过长时间的陈酿，或者像名品葡萄酒那样仔细取汁之后，已经可以获得足够清澈的葡萄酒液了。如果再经过一次比较简单的澄清和过滤，葡萄酒会变得更加闪亮、澄净，葡萄酒的口味也丝毫不会减弱。如果是更彻底的灭菌过滤，则可以稳定住甜酒的结构，并减少硫黄含量。不过这样的话，也有可能会除去葡萄酒中的油脂。

葡 萄 酒 灌 装 前 要 做 什 么 预 备 工 作 ？

选择专用的酒瓶

酒瓶容量

葡萄酒进行灌装的过程包括：清洗并烘干葡萄酒瓶，装满葡萄酒，密封并盖上盖，贴上标签，最后放在温度合适的环境中。在世界范围内，一个葡萄酒瓶的标准容量为750mL，当然，也有377mL和500mL的酒瓶（特别是用于甜酒的酒瓶），以及一些用于波尔多葡萄酒和香槟葡萄酒的特大酒瓶。卡维林瓶是一种独特的

"瓶子的形状因地区而异，但始终满足易于堆叠的需求。"

矮胖酒瓶，只用于汝拉出产的麦秆黄葡萄酒，该酒瓶的容量为60mL。

各种酒瓶的规格

香槟葡萄酒	波尔多葡萄酒	容量（L）	相当于标准容量的酒瓶个数
马格南瓶	马格南瓶	1.5	2
	玛丽－珍妮瓶	5.25	7
以色列王瓶	双马格南瓶	3	4
罗波安瓶	以色列王瓶	4.5	6
玛土撒拉瓶	皇室瓶	6	8
亚述王瓶		9	12
巴尔退则瓶		12	16
尼布甲尼撒瓶		15	20

葡 萄 酒 灌 装 前 要 做 什 么 预 备 工 作 ？

瓶身形状

瓶身的形状因地区而异，但其设计始终都是为了满足轻松叠放的需求。许多葡萄酒生产国都采用了带有明显瓶肩的波尔多红葡萄酒瓶（用于盛装波尔多的陈酿葡萄酒），有着柔和曲线的勃艮第酒瓶（用于盛装霞多丽葡萄酒），更是在全世界被直接采用。还有阿尔萨斯细高的"笛形瓶"、弗兰肯地区特有的巴克斯波以透，以及扁平的烧酒瓶，都被广泛接受。而起泡酒则要装在厚厚的玻璃瓶中，这样才可以抵抗瓶中二氧化碳气体的压力。

香槟酒瓶　　　波尔多酒瓶　　　阿尔萨斯酒瓶　　　勃艮第酒瓶　　　卡维林瓶

瓶身颜色

酒瓶玻璃的颜色会因地区而异，但是诸如经典的深绿色酒瓶、黄褐色（死叶色）的勃艮第酒瓶始终是主流，这类深色酒瓶具有更好的保护效果，还能避光。而桃红葡萄酒通常要装在透明的玻璃瓶中，因为桃红葡萄酒不适合陈酿，且需要凭借自己在货架上的诱人颜色来吸引消费者，甜葡萄酒也是如此。尽管它们需要陈酿很长时间，为了避光，最好还是将其保存在家里的密闭处。

44 栓皮栎软木塞有什么神奇之处？

在古代，人们只会用栓皮栎塞上双耳尖底瓮，从 17 世纪开始，栓皮栎则与玻璃瓶成了很好的搭档。事实证明，栓皮栎软木塞能为葡萄酒确保良好的贮藏条件，因为它富有弹性，能防水防腐，呈中性，不会发生化学反应，且易于打开。

产自地中海沿岸地区

地中海沿岸地区是栓皮栎的主要出产地，其主要生产国有葡萄牙、西班牙、阿尔及利亚和摩洛哥，法国南部、意大利和突尼斯也出产一些。葡萄树要在栽种 3 年后才开始结果，而橡树（即栓皮栎树）的树皮则必须在栽种 25 年后才能用于制作软木塞，然后树皮需要再过 10 年的时间才能恢复如初，继而再用于制作软木塞。一棵橡树的寿命将近 120 年，每 10 年可产生 100kg 栓皮栎（大约 10000 个软木塞）。

软木塞的制造

栓皮栎剥皮后，要堆叠起来露天晾晒一年，然后进行烫煮（煮沸）、分拣、分类，再根据所需的瓶塞长度切成条状。经过清洗和干燥后，需在瓶塞上盖上葡萄酒产区名，并浇上一层石蜡和有机硅，以保证软木塞与玻璃酒瓶更好地黏合。以前，人们会用氯来漂白软木塞，但这种做法会产生新的物质（三氯茴香醚），使软木塞的味道串到葡萄酒里。所以后来，漂白过的软木塞，一般会先蒸一下再使用。

选择适合葡萄酒的软木塞

价格和品质不同的软木塞有很多种：全栓皮栎软木塞、涂有塑料的软木塞、硅树脂软木塞、胶结软木塞。选用的软木塞必须适应葡萄酒的保质期：如果葡萄酒适合尽快饮用（六个月内），使用胶结软木塞就足够了；对于陈酿葡萄酒来说，软木塞必须是全栓皮栎的长软木塞，这样才不会给葡萄酒留下任何异味，而且它弹性好，在封瓶后能够匹配瓶颈部的形状，否则，瓶子中的葡萄酒可能会挥发出来，甚至直接流出来。香槟酒和起泡酒使用的则是蘑菇形状的软木塞，直径比其他软木塞大（有24mm），底部通常是用全

栓皮栎做的，而头部则是胶结的。这种软木塞的上面还会再扣上铁丝封口，可以抵抗瓶中二氧化碳气体的压力。

软木塞要保存完好

放在酒窖中的葡萄酒，最好平躺放置，这样酒瓶的软木塞才能保持湿润。相反，利口酒和白兰地的酒瓶则要保持直立，因为瓶中的酒精会侵蚀软木塞。

栓皮栎软木塞过时了吗？

消费者们仍然钟情于栓皮栎软木塞，因为这是传统的特级葡萄酒的一部分。然而，由于软木塞的味道会串到葡萄酒中，所以有些葡萄酒生产商开始使用其他材料的软木塞，且专门用于"快销"葡萄酒。除此之外，市场上还兴起了很多塑料瓶塞和带螺帽形状的瓶盖。瑞士人用的一种没有骨架的瓶盖，也开始在新世界被广泛使用。

45 什么是新酿葡萄酒？

　　葡萄采摘早已结束，现在全世界的酒吧柜台和餐桌上都已经出现了最新的葡萄酒。它们闻起来有小浆果和英式糖果的气味，在口中还散发出略带酸味的清新味道。一说到新酿葡萄酒或葡萄新酒，人们首先想到的就是薄若莱新酒。但是，法国和欧洲的其他产区也已经开始了新酿葡萄酒的尝试，并且取得了一定成功。

新酿葡萄酒

　　在葡萄采摘后的几个月内就投放到市场，是一种用于"快销"的葡萄酒。

新酿葡萄酒及其上市时间

　　欧洲的很多产区都开始酿造红、桃红或白葡萄新酒，薄若莱新酒并非一枝独秀。在法国，有些产区的新酒还被纳入了原产地法定命名葡萄酒，例如薄若莱红葡萄酒，当然还有带受保护的地理标识的新酿酒。薄若莱新酒会在每年11月的第3个星期四投放到市场，而其余的薄若莱酒就只能在12月15日之后上市，甚至有的还会等到复活节后上市。

酿酒秘诀

　　在薄若莱，佳美葡萄是新酿葡萄酒的首选葡萄品种，其次是卢瓦尔河谷、都兰和西南部的加拉克产区的葡萄品种。在朗格多克（受保护的奥克标识的葡萄酒），歌海娜和佳丽酿是最流行的葡萄品种。由于在装桶酿造之前，葡萄必须一直保持完整，所以薄若莱酒长期以来一直是人工采摘葡萄，直到现在才授权允许使用机器采摘（其他产区早就开始机器采摘了）。采摘回来后，就可以通过半二氧化碳浸渍法（新酿葡萄酒的主要酿造法）开始酿造了。

薄若莱新酒

新酿葡萄酒适合庆祝活动，这是媒体宣传一直以来精心维护的概念。薄若莱新酒来到纽约和东京后广受好评，甚至使人们忘记了薄若莱还能酿造顶级的名品葡萄酒。但由于过分追求速度，在薄若莱新酒的酿造过程中，太过芳香的酵母会诱发新的味道，处理过于粗糙的话就会使葡萄酒味道变淡。

值得品尝的新酿葡萄酒

薄若莱产区：薄若莱新酒、薄若莱村庄新酿。

罗纳河谷产区：罗纳河谷新酿。

罗纳河谷西南：加亚克新酿。

卢瓦尔河谷产区：都兰新酿。

朗格多克产区：带受保护的奥克标识的新酿。

朗格多克西南：带受保护的加斯科涅标志的新酿。

西班牙产区：里奥哈新酒。

意大利产区：托斯卡纳新酒。

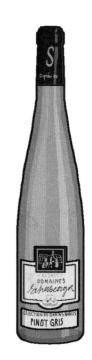

46　什么是甜葡萄酒?

"我喜欢有点儿甜味的甜葡萄酒。"一位朋友端着一杯稻草金色的葡萄酒对你说道,你回答他:"甜葡萄酒? 可以呀,但到底是半甜还是甜呢? "毕竟这中间是有区别的。

甜葡萄酒

　　甜葡萄酒是指保留了未发酵的残留糖分的葡萄酒。

　　半甜葡萄酒的最大残留糖量为 45g/L,甜葡萄酒的残留糖量超过 45g/L。

什么是半甜葡萄酒?

半甜葡萄酒不是甜葡萄酒

　　与甜葡萄酒相比,半甜葡萄酒的含糖量更低。半甜葡萄酒要用非常成熟的葡萄酿造,但也不至于一定是自然干缩葡萄(在树藤上晒干)或贵腐葡萄,只要保证葡萄含糖量足够高(加糖的步骤通常是用来挽救"伪半甜酒"的)就可以了。当发酵产生足够的酒精(通常酒精度为 12%)时,就要停止发酵,添加硫,冷却、过滤,来保留酒中部分未发酵的糖。也就是说,葡萄酒必须完全稳定,以避免瓶中再发酵(低端甜葡萄酒还可以进行巴氏消毒)。以前,仅靠添加硫就能让葡萄酒稳定,但这种方式对这类葡萄酒的形象产生了不好的影响,因为有人认为硫会导致偏头痛。

晚摘葡萄酒或逐串精选葡萄酒

由于当地特有的气候条件，阿尔萨斯可以用当地非常成熟的雷司令和麝香葡萄品种，以及琼瑶浆和灰皮诺葡萄品种，酿造出天然半甜葡萄酒。前者能酿出最低酒精含量为 12.9% 和最低残留糖量为 220g/L 的葡萄酒，后者则能酿出最低酒精含量为 14.3% 和最低残留糖量为 243g/L 的葡萄酒。酿造过程中，加糖是绝对禁止的。

"晚摘葡萄"这个术语一直以来是阿尔萨斯产区独有的，而整个德国莱茵河沿岸，则使用"逐串精选"来表示。阿尔萨斯有时也会酿造出干型白葡萄酒，但里面依然保留了很大一部分残余糖分。瓶子上的酒标不会提及糖的含量，所以必须查看一下背面的酒标，上面会提供有关葡萄酒类型（干型或半甜）的详细信息。

品尝半甜葡萄酒

许多白葡萄酒产区都会酿造半甜葡萄酒：

卢瓦尔河谷：莱昂丘酒、武伏雷酒、卢瓦尔河畔－蒙特卢伊酒。

西南地区：加亚克酒、朱朗松酒、维克毕勒－巴歇汉克酒、贝尔热拉克丘酒、杜拉斯丘酒、蒙哈维尔丘酒、上蒙哈维尔酒。

阿尔萨斯：阿尔萨斯酒、阿尔萨斯特级晚摘葡萄酒（如琼瑶浆、灰皮诺、雷司令和麝香）。

德国和澳大利亚：逐串精选葡萄酒（尤其是德国的雷司令）。

什么是甜葡萄酒？

甜葡萄酒的酿造，需要葡萄中的糖分非常集中，为此酿酒师找到了一个微观真菌盟友——贵腐，来促进葡萄的糖分浓缩。另外，葡萄浆果也可以通过自然干缩或寒冷天气的作用来浓缩糖分。

贵腐

这是一种真菌，即灰葡萄孢菌（也称为贵腐菌）。灰葡萄孢菌并没有带来普通的灰腐病，而是以温和的方式不断浓缩葡萄中的糖分。有雾的、潮湿的早晨是促进这种演变的理想气候条件，其次是阳光明媚的下午。如果当地有水流的话（如苏玳的希隆河、卢瓦尔河谷的莱昂河、匈牙利托卡伊产区的博德罗格河、德国的摩泽尔河和莱茵河、奥地利的多瑙河），会更有利于这种腐烂的发生。但是如果雨季降水量太大，则会非常影响当年的葡萄收成。这种贵腐真菌长在葡萄皮上，并慢慢渗透进去，使得葡萄皮变得能渗水。这样，葡萄粒中的水分就会蒸发，葡萄汁液开始浓缩，与此同时，葡萄果粒的质量也在降低。因为腐烂的变化进度不一致，所以，一次性采摘完所有的葡萄是不可能的。一般要经过好几次的排列分拣工作，才能收获腐烂程度合适的葡萄。在（奥地利的）托卡伊，葡萄都是一颗一颗地采摘的，人们将采摘回来的葡萄制成叫作"阿苏"的膏体，然后把它加入干白葡萄酒中进行发酵。膏体的添加量以"筐"来衡量，"筐"这个术语在匈牙利语中表示"桶"（一般 2～6 个不等）。

粒选贵腐葡萄酒或逐粒精选葡萄酒

"粒选贵腐葡萄酒"是阿尔萨斯、安茹和蒙巴兹雅克产区甜葡萄酒的特有名称，用于酿造该类酒的葡萄，根据不同的葡萄品种，有着不同的自然含糖量。例如，琼瑶浆和灰皮诺酿制的甜

葡萄酒，其潜在酒精含量最低为 16.4%，最低残余糖量为 279g/L；麝香和雷司混酿，酒精和残余糖分含量则分别为 15.1% 和 256g/L。和晚摘葡萄酒一样，加糖对酿造贵腐酒来说，也是禁止的。与之相对应的是，德国莱茵河沿岸产区用"逐粒精选葡萄酒"来表示甜葡萄酒，其中，雷司令逐粒精选葡萄酒就非常成功。

什 么 是 甜 葡 萄 酒 ？

品尝甜葡萄酒

甜葡萄酒大多是白葡萄酒，但也有甜红葡萄酒，其中最杰出的甜红葡萄酒产自意大利瓦尔波里切拉的威尼斯产区，如瓦坡里切拉－雷乔托干红葡萄酒，它是用从葡萄藤上采摘后自然干缩的葡萄酿造而成的。

甜葡萄酒产区	葡萄酒及葡萄品种
阿尔萨斯	阿尔萨斯酒和阿尔萨斯精选贵腐特等酒 品种：雷司令、灰皮诺、琼瑶浆、麝香
波尔多	苏玳产区：苏玳酒、巴萨克酒、塞隆酒 加龙河右岸：卢皮亚克酒、圣克鲁瓦－杜蒙酒、卡迪拉克酒 品种：赛美蓉、长相思、密斯卡岱
西南地区	贝尔热拉克产区：蒙巴兹雅克酒、苏西尼涅克酒、蒙哈维尔酒 品种：赛美蓉、长相思、密斯卡岱 朱朗松酒　品种：大满胜、小满胜 加亚克酒　品种：莫札克、兰德乐
汝拉	麦秆酒　品种：萨瓦涅、普萨、特卢梭和霞多丽
卢瓦尔河谷	莱昂丘酒、邦尼舒酒、卡尔－德－绍姆酒、武伏雷酒、卢瓦尔河畔－蒙特卢伊酒　品种：诗南
北罗纳河谷	非常稀有的埃尔米塔日麦秆酒 品种：瑚珊、玛珊
德国	逐粒精选酒、枯葡精选酒、冰酒 多品种混酿而成，尤其是雷司令
加拿大	冰葡萄酒　多品种混酿而成
匈牙利	托卡伊阿苏酒 品种：富尔民特、哈斯乐威露、吕内尔麝香（小粒）
意大利	产自托斯卡纳、由多品种葡萄混酿而成的圣酒，产自利帕里群岛的玛尔维萨酒，产自弗里乌的皮克里特酒，麦秆酒（采摘后自然干缩），瓦坡里切拉－雷乔托干红葡萄酒
瑞士	瓦莱州酒　品种：奥铭和小奥铭
南非	好望角产区：克莱坦亚酒　品种：密斯卡岱、长相思

在阳光下或稻草上进行自然干缩

自然干缩，就是风干葡萄粒。如果气候炎热、干燥，可以直接在葡萄藤上进行风干，很多山麓产区会使用这种方法，充分利用焚风的影响。比如在比利牛斯山脚下的朱朗松，以及瑞士阿尔卑斯山区的瓦莱州，葡萄采摘可以一直等到圣诞节前再进行。当然也可以在采摘葡萄后再进行风干，这是古代酿造麦秆酒的方式，即将葡萄放在谷仓里的稻草床上进行自然风干。汝拉产区就是用这种方式酿造葡萄酒的，风干后的葡萄最低残余糖量是 306g/L。意大利、希腊和西班牙也会采用这种风干方式。

在寒冷中酿造的冰葡萄酒

在德国、奥地利和加拿大，还会酿造一些冰葡萄酒。这种葡萄酒用在 −5℃以下的环境中采摘下来的冷冻葡萄进行压榨，从而得到最甜葡萄汁。当然，也可以人为地对葡萄进行冷冻，这叫"冷冻提取法"。

难得的甜葡萄酒

一般来说，要酿造出富含糖分的葡萄酒是非常困难的。这需要强力的压榨机来提取出葡萄中最甜的果汁，发酵过程很缓慢，澄清酒液也很困难，而且还要依靠添加硫、利用低温条件来中断发酵活动。某些法定产区的葡萄酒（如苏玳酒、卢瓦尔河谷的某些葡萄酒）也能接受在酿造过程中添加糖，但这样通常会导致酿出的甜葡萄酒口味不够平衡。

什 么 是 甜 葡 萄 酒 ？

苏玳葡萄园，以盛产特等甜葡萄酒而闻名于世。

47 蒙面纱的葡萄酒有什么神秘之处？

汝拉酿造的黄色葡萄酒、赫雷斯产的雪利酒和某些加亚克酒……这些在如此不同的产区生产的葡萄酒有何共同之处吗？当然，这些葡萄酒的表面都有一层"面纱"。这层"面纱"是在葡萄酒陈酿过程中，由酵母形成的、用来保护葡萄酒的纱状物。

表面戴面纱的葡萄酒

为了使酵母菌的面纱层能够继续发酵而不受细菌的破坏，已经开始乳酸发酵的葡萄酒酒精含量必须为12% ~ 14%，且没有残留的糖分。葡萄酒要保存在留空儿的橡木桶中，即橡木桶内不能完全装满葡萄酒，这样才可以促进酒与空气的接触。

然后，在葡萄酒的表面，会生出不少好氧酵母，如贝酵母、卡式酵母和发酵性酵母。陈酿的橡木桶非常适合自然微生物接种，不过也可以再加入一些精选的菌株。酵母面纱层可以把葡萄酒与氧气直接隔开，氧化作用就能得以缓和。此外，各种芳香化合物也会形成，比如乙醛和香茅，这直接导致葡萄酒变成有"黄色水果香味"

的黄葡萄酒，且散发着坚果的气味。酿酒师还要持续观察挥发性酸度的变化，使酸度保持在适当的范围内。在汝拉，黄葡萄酒的陈酿至少要持续六年。在西班牙的安达卢西亚，这种面纱酒也称为弗洛酒。如果没有这层"面纱"，还能酿造出具有氧化特性的葡萄酒吗？可以，随着（葡萄牙）马德拉葡萄酒越来越受欢迎，葡萄酒的氧化特性也越来越被重视。西班牙浓色的欧罗索雪利酒、（葡萄牙）马德拉酒、茶色波特酒以及传统的天然甜葡萄酒都是这种情况。

值得品尝的黄葡萄酒

西班牙安达卢西亚产区：赫雷斯菲诺酒、曼萨尼亚酒、阿蒙蒂亚酒（中途抑制发酵过）、蒙的亚－莫利莱斯（未中途抑制发酵过）。

葡萄品种：菲诺的帕洛米诺。

（法国）西南产区：加亚克酒。

葡萄品种：莫札克。

汝拉产区：阿布娃酒、汝拉丘酒、夏隆堡酒、星星酒（黄葡萄酒）。

葡萄品种：萨瓦涅。

索雷拉原创陈酿

在安达卢西亚，人们会用索雷拉陈酿方式来酿造赫雷斯葡萄酒（部分酒带"面纱"），它是放置在堆叠了好几层的橡木酒桶中进行的。鲜酿的葡萄酒要存放在最高层，待装瓶的葡萄酒则是从最底层的葡萄酒桶中提取的，然后紧靠上排的葡萄酒可以重新填充底层的酒桶，依次类推。这个过程可以保持面纱酒的清新，并酿造出口感稳定的葡萄酒。

48 什么是利口葡萄酒？

很多人对利口葡萄酒知之甚少，他们总是错误地将利口葡萄酒等同于甜葡萄酒，事实上，这两种酒的酿造原则差别很大。

利口葡萄酒是如何酿造的

中途抑止发酵

酿造利口葡萄酒的原理在于中途抑止发酵，即通过添加葡萄酒酒精（中性酒精或白兰地）来中断发酵过程。因为随着酒精浓度增加到15%～22%，酵母菌开始死亡，发酵便会中断。不过，葡萄酒终端的糖分依然很高。

蜜甜尔酒

蜜甜尔酒是一种特殊的利口葡萄酒，是香槟或勃艮第产区的果酒。它和朗格多克的卡塔赫纳酒都属于利口葡萄酒，都是在新鲜葡萄汁中加入葡萄酒酒精而中止发酵后获得的产品。

煮熟发酵葡萄酒

煮熟发酵葡萄酒是用一种从古罗马继承下来的方法酿制的熟酒，加热后结构稳定，有时还会因为加热而增添香味。不过，这种葡萄酒仅作为开胃酒饮用。

利口葡萄酒

利口葡萄酒是通过加入与葡萄品种同一地理产区的白兰地，中断发酵酿造而成的。比如要酿造夏朗德皮诺酒（白葡萄酒或桃红葡萄酒），就要添加干邑白兰地，而未发酵的葡萄基酒可以是白葡萄汁的白玉霓酒、鸽笼白酒、赛美蓉酒和蒙蒂勒酒，以及红葡萄汁的品丽珠与长相思的混酿酒、梅洛酒；要酿造加斯科 – 福乐克甜酒（白葡萄酒或桃红葡萄酒），就要添加雅文邑，而未发酵的葡萄基酒则可以是加斯科当地的葡萄汁；要酿造汝拉麦克文酒，就要添加产自弗朗什 –

孔泰的马克白兰地，而轻微发酵的基酒则可以是霞多丽酒、萨瓦涅酒、普萨酒、特卢梭酒、黑皮诺酒和灰皮诺酒。这些葡萄酒并不是年份酒。

赫雷斯酒

赫雷斯酒是一种经过了发酵中断的白葡萄酒，它有两种不同的类型，一类是陈酿过程中酒的表面会有一层"纱"，另一类则没有"纱"。如果细分的话，它又分很多种，如干型、甜型和混合型。而其中的干型酒就是菲诺酒，经过陈酿，酒的表面出现了一层"纱"后，在装瓶之前就可以中断发酵。赫雷斯酒包含很多品种：曼萨尼亚酒，在海边的桑卢卡尔 – 德瓦拉梅达的陈酿厂酿造，酒中带有咸味和碘味；阿蒙蒂亚酒，一种已经失去"面纱"，且陈酿时间更长的菲诺酒；欧罗索（"有香气"的意思）酒，一种中断了发酵的烈酒，没有"面纱"，这种酒在索雷拉陈酿期间会不断氧化；帕罗科塔多酒，一种有着欧罗索特点的菲诺酒，它的面纱很早就消失了；佩德罗 – 西门内斯酒，一种自然干脱后的葡萄酒，酒中有残留糖分，陈酿过程中会发生氧化作用。

马拉加酒

马拉加酒是一款产自西班牙的葡萄酒，是用亚历山大麝香葡萄和佩德罗 – 西门内斯葡萄酿造而成的。在酿造的过程中，有时还会添加一些加热过的、有焦糖味的葡萄汁，通过添加葡萄酒酒精来中断发酵。由于添加葡萄汁的种类和陈酿时间的长短不同，马拉加酒的种类也各异。

波特酒

产自波尔图的波特酒是一种红色的利口葡萄酒，由多种葡萄品种的基酒酿制而成，主要的葡萄品种有罗丽红、国产多瑞加、法国多瑞加和卡奥红。这些葡萄汁经过部分发酵后，会往里面加入产自杜罗河谷的金塔酒，再加入葡萄酒酒精中断发酵，然后再将葡萄酒运送到加亚新城的陈酿厂。波特酒可以分为陈酿 2 ~ 4 年的鲜酿红宝石波特酒，以及经过氧化陈酿的茶色波特酒。售卖时，茶色波特酒根据陈酿的时间分为 10 年、20 年和 30 年陈酿酒。不管是几年陈酿酒，每种酒都会尊重每个品牌的特定口味。不过这个陈酿时间是怎么算的呢？年份波特酒（用丰年年份葡萄酿制的）要先装入酒桶中避风陈酿 18 个月，然后装瓶，之后才开始计算其陈酿时间，这就是有名的陈酿年份酒。晚装瓶年份葡萄酒是一种在橡木桶中经过氧化的、陈酿时间更长的年份葡萄酒。与年份葡萄酒相比，这种葡萄酒更适合"快销"。

马德拉酒

马德拉酒是以当地的葡萄品种命名的葡萄酒。从最干型到最甜型葡萄酒，依次有：舍西亚尔酒、华帝露酒、波尔酒和玛尔维萨酒。普通的马德拉葡萄酒都是用黑莫乐葡萄酿成的，葡萄汁经过部分发酵，再添加糖和葡萄酒酒精，中断发酵，然后把酒汁倒入 40 ~ 50℃的混酿桶中加热几个月，这样利口葡萄酒就酿成了。高档马德拉酒会一直放在蒸汽室或谷仓的酒桶中加热，然后倒入 650L 的小橡木桶里，经过氧化陈酿。像（西班牙）赫雷斯产区一样，这里也会使用索雷拉陈酿方式。

马德拉葡萄酒可以长期陈酿。珍藏酒，要陈酿 5 年以上；特藏酒，要陈酿 10 年以上。有些马德拉葡萄酒还带有年份，但这里的年份，通常只是表示索雷拉陈酿开始的年份，而不是采摘葡萄的年份。

值得品尝的利口葡萄酒

法国

夏朗德产区：夏朗德皮诺酒。

朗格多克产区：芳蒂娜酒（酿造方式保密，不要和芳蒂娜 - 麝香天然甜葡萄酒混淆）。

西南产区：加斯科 - 福乐克酒。

汝拉产区：汝拉麦克文酒。

西班牙

赫雷斯酒、阿利坎特酒、莫斯卡特酒、马拉加酒。

意大利

西西里马沙拉酒（加热的浓缩葡萄汁，加入葡萄酒酒精中断发酵），玛尔维萨、莫斯卡托和维奈西卡混酿酒，五渔村夏克特拉酒。

葡萄牙

波特酒、塞图巴尔麝香酒、马德拉酒。

什么是利口葡萄酒？

波尔图，既是杜罗河葡萄酒陈酿的地方，也是上岸的港口城市。

49 天然甜葡萄酒真的纯天然吗？

天然甜葡萄酒是产自法国南部（鲁西永、埃罗省、沃克吕兹）和科西嘉岛的红葡萄酒或白葡萄酒，是用特定的葡萄品种制成的，在酿造过程中通过加入中性酒精来中断发酵。

天然甜葡萄酒如何中断发酵？

在鲁西永，中断发酵的传统可以追溯到13世纪。当时，阿尔诺维伦纽夫发现了一个原理——通过往葡萄汁中添加白兰地来中断发酵。与利口葡萄酒不同的是，现在的天然甜葡萄酒不再靠添加白兰地来中断发酵，而是靠加入酒精度96%的中性酒精来中断，这样，就能避免任何外源性芳香元素的产生。另外，这种葡萄酒也可以由富含天然糖分（最低含糖量为252g/L）的葡萄酿制而成。每个产区因其风土、葡萄品种和陈酿方式的不同，而各具特性。

值得品尝的天然甜葡萄酒

鲁西永产区

里维萨尔特－麝香葡萄酒（小粒麝香葡萄和亚历山大麝香葡萄酿造），麝香葡萄酒红葡萄酒由歌海娜葡萄酿造；白葡萄酒由马卡贝奥葡萄、玛尔维萨葡萄和麝香葡萄酿造），莫里葡萄酒（绝大部分红葡萄酒由黑歌海娜葡萄酿造），班努列葡萄酒和班努列特级葡萄酒（绝大部分红葡萄酒由黑歌海娜葡萄酿造）。

朗格多克产区

密内瓦－圣－让麝香葡萄酒，弗龙蒂尼昂麝香葡萄酒，吕内尔葡萄酒和密雷瓦尔麝香葡萄酒（小粒麝香葡萄酿造）。

罗纳河谷产区

拉斯多葡萄酒（白葡萄酒或者灰葡萄酒由黑歌海娜酿造），博姆·德·维尼斯麝香葡萄酒（小粒麝香葡萄酿造）

科西嘉产区

科西嘉角葡萄酒（小粒麝香葡萄酿造）。

一切取决于陈酿

酿造天然甜葡萄酒时，如何选择中断发酵的时机呢？这取决于酿酒师希望保留的糖量和所需的葡萄酒风格（干型、半干型、半甜型还是甜型）。如果要酿造天然甜红葡萄酒，则要在流汁后，以葡萄汁或葡萄榨渣为基酒，开始进行中断发酵，以酿出单宁更丰富、味道更甜，且色彩更丰富、便于长时间陈酿的葡萄酒。

麝香葡萄酒只能短暂地在混酿桶中陈酿一段时间，以保持其鲜酿的香气。其他天然甜葡萄

酒则可以陈酿更久的时间，如班努列特级葡萄酒，可陈酿30个月。传统的陈酿方式是将葡萄酒放在大木桶或中木桶里经历氧化作用，有时甚至要放在橡木桶，或是能见光的大缸里进行氧化。这样的陈酿可以赋予它陈年老酒的特点——呈现琥珀色、红砖色或桃心木色，散发出干果的香气。陈酿后的葡萄酒再进行混酿时，不能与空气接触的陈酿葡萄酒就是年份酒了，在班努列也被称为瑞玛吉酒。

中断了发酵，由黑歌海娜酿成的、迅速装瓶的葡萄酒香调。

中断了发酵，由黑歌海娜酿成的、经历了长时间氧化陈酿后的葡萄酒香调。

50 哪些因素会引起葡萄酒变质？

多亏酿酒技术的进步，现在的葡萄酒，在陈酿或瓶中贮藏期间可以受到更好的保护，避免异化和变质。尽管如此，事故还是会常常发生，它可能一开始只是变味儿，最后却变成葡萄醋了。

真菌侵袭

- 葡萄酒表面上有白纱：这是酒花造成的，即低酒精度的葡萄酒上出现了细菌滋生。

- 酒体出现棕褐色，有挥发性酸：这是细菌对酒石酸的攻击导致的，一般出现在低酸度的葡萄酒中。

- 棕褐色，有腐烂的水果气味，以及挥发性酸：这通常出现在用腐烂的葡萄酿造而成的葡萄酒中。

- 苦味：这是细菌侵袭造成的。

- 醋味：这是生成的挥发性酸造成的。

- 胶水气味：这是乙酸与酒精（乙酸乙酯）的化合作用造成的。

- 哈喇黄油的气味：这是乳酸侵蚀造成的，即乳酸菌对未发酵糖分的攻击。

- 马汗和马厩的气味：这是橡木桶不干净（酒香酵母的作用）造成的。

- 葡萄酒变黏稠：这是细菌对甘油的攻击造成的。

贮藏意外

- 有大片絮状物：这是铁、铜元素变质，氧化变质和蛋白质变质造成的。

- 瓶底有晶体沉淀物：这是葡萄酒中残留的酒石和酒石酸盐的沉淀物造成的。鲜酿葡萄酒稳定性差，也不够清澈，是不会存在沉淀物的，只有陈酿葡萄酒才有。这也表明该陈酿葡萄酒既没有经过任何澄清处理，也没有任何添加剂。

- 有粉状沉淀物或附着在瓶壁上的杂质：这是沉淀的色素（未溶解的花青素）造成的，经常出现在陈酿葡萄酒中。

- 走味，氧化：这是摄入了过量的空气造成的。不过走味还是可逆的，但氧化就无法补救了。

• 硫黄味，口感偏干：这是葡萄园栽种或葡萄酒酿造时，加入了过量的硫黄造成的。

• 冲洗器味，碱水味，烂鸡蛋味：这是硫发生了还原反应造成的。

• 软木塞味：这是软木塞发生了变化造成的。它可能混入了处理葡萄酒时所用的工具的气味，这是不可补救的。

轻微且短暂的事故

• 轻微变味的葡萄酒，既没有香气也没有水果味：这是酒瓶的原因，在葡萄酒装瓶后发生，不过很快会消失。

• 出现动物的香气：这是轻微的还原反应造成的，注入空气后就会消失。不过，有些葡萄酒爱好者们钟爱这种香气。

• 香气消失：这可能会在瓶中密闭贮存陈酿期间多次发生，但葡萄酒重新打开时，香气又会恢复。